# 电网环境保护全过程技术监督

国网浙江省电力有限公司◉组编

中国电力出版社
CHINA ELECTRIC POWER PRESS

## 内 容 提 要

本书旨在帮助读者了解当前国家环保政策与形势，掌握电网环保技术监督要点和内容，全面提升电网环保技术监督专业技能水平。全书共4章，内容分别为电网环境保护、电网环境影响因素及防治、电网环境保护全过程技术监督、电网环境保护全过程常见问题分析。

本书可供电网企业从事环境保护监督工作的人员使用。

**图书在版编目（CIP）数据**

电网环境保护全过程技术监督/国网浙江省电力有限公司组编. —北京：中国电力出版社，2024.3

ISBN 978-7-5198-8709-4

Ⅰ.①电… Ⅱ.①国… Ⅲ.①电网－电力工程－环境保护－技术监督－中国 Ⅳ.①X322

中国国家版本馆CIP数据核字（2024）第046691号

---

出版发行：中国电力出版社
地　　址：北京市东城区北京站西街19号（邮政编码100005）
网　　址：http://www.cepp.sgcc.com.cn
责任编辑：崔素媛（010-63412392）
责任校对：黄　蓓　于　维
装帧设计：张俊霞
责任印制：杨晓东

---

印　　刷：固安县铭成印刷有限公司
版　　次：2024年3月第一版
印　　次：2024年3月北京第一次印刷
开　　本：880毫米×1230毫米　32开本
印　　张：3.75
字　　数：106千字
定　　价：29.00元

---

# 编 委 会

# 前　言

*preface*

近年来，我国坚持贯彻落实习近平生态文明思想和全面依法治国的新理念新思想新战略，积极推动用最严格制度、最严密法治保护生态环境。环境保护行政管理部门也开始从注重事前审批转变到强化建设项目事中、事后监督管理，督促建设单位落实环境保护和水土保持主体责任。如何处理电网发展与环境保护的关系、秉持绿色发展理念，已成为国家电网有限公司的重点工作目标之一。为了进一步提高电网环保全过程监督专业技能水平，深化电网环保监督团队的建设，特编写本书。

环保技术监督是指国家环境保护管理机关对企事业单位等社会组织排放污染物情况所实施的监督。为了保护和改善生态环境，保持生态平衡，以保障人类生存条件，必须对污染的排放进行控制与监督。

电网环境保护技术监督作为企业生产运营的重要环节，其主要任务就是通过运用先进的测量手段及管理方法来保障电网环保设施、措施落实到位，并确保生产过程中的环境影响因子达标排放。

本书主要对我国环境保护法律法规形势政策、国家电网有限公司环境保护重要举措做了阐述；对电网环境影响因素、电网环境影响因子监测、电网环境影响因子防治进行了介绍；对电网环境保护全过程技术监督的要点与内容进行了讲解，并对各个阶段常见问题进行了分析，旨在帮助读者了解当前国家环保政策与形势，掌握电网环保技术监督要点和内容，全面提升电网环保技术监督专业技能水平。

本书由国网浙江省电力有限公司组织相关专家进行编写。由于编写时间及编者水平有限，若有疏漏不当之处，还请广大读者提出宝贵意见。

编　者

2023 年 12 月

# 目 录

contents

# 第一章　电网环境保护

环境，是指影响人类生存和发展的各种天然的和经过人工改造的自然因素的总体，包括大气、水、海洋、土地、矿藏、森林、草原、湿地、野生生物、自然遗迹、人文遗迹、自然保护区、风景名胜区、城市和乡村等。环境是人类赖以生存发展的基础，随着人类社会经济飞速发展，环境污染问题日益突出，严重制约了人类社会的可持续发展。因此，环境保护已成为人类共同面临的任务。

环境保护简称环保，一般指人类为解决现实或潜在的环境问题，协调人类与环境的关系，保护人类的生存环境、保障经济社会的可持续发展而采取的各种行动的总称。环境保护研究对象特殊，涉及范围广、综合性强，关系到自然科学和社会科学等多个领域。环境保护方式包括采取行政、法律、经济、科学技术多方面措施，通过民间自发环保组织等合理利用自然资源，防止环境的污染和破坏，以求自然环境同人文环境、经济环境共同平衡，实现可持续发展，扩大有用资源的再生产，保证社会的发展。

近年来，随着电网建设不断发展，人们对安全、优质、高效、清洁电能的需求越来越高。输变电设施作为传输电力的载体，成为关乎民生、不可或缺的重要能源基础设施。为此，如何处理好电网发展与环境保护的关系，秉持绿色发展理念已成为国家电网有限公司的工作目标。本章主要介绍电网建设发展目前的生态环境保护形势与政策，以及国家电网有限公司为环境保护做出的重要举措。

## 第一节　环境保护法律法规与政策分析

党的十八大以来，以习近平同志为核心的党中央站在全局和战略高度，对生态文明建设提出了一系列新理念新思想新战略，形成了习近平生态文明思想，指导我国生态文明建设和生态环境保护取得历史性成就，发生历史性变革，开辟了生态文明建设理论和实践的新境界。2018 年，宪法修正案将生态文明建设要求纳入宪法，首届全国生态环境保护大会胜利召开，习近平生态文明思想基本确立。这标志着党中央加强生态文明建设的坚定意志和坚强决心。

迈入“十四五”，我国进入了经济社会高质量发展和生态环境高水平保护协同共进的关键时期，也是稳步推进绿色低碳循环发展的重要时期。习总书记强调，高质量发展是“十四五”乃至更长时期我国经济社会发展的主题。走高质量发展之路，就要坚持以人民为中心的发展思想，坚持创新、协调、绿色、开放、共享发展，要始终把最广大人民的根本利益放在心上，坚定不移增进民生福祉，把高质量发展同满足人民美好生活需要紧密结合起来，推动坚持生态优先，推动高质量发展，创造高品质生活有机结合、相得益彰。2020 年，习总书记在第七十五届联合国大会上作出“2030 年碳达峰”“2060 年碳中和”的中国承诺，这意味着我国生态环境保护在继续打好污染防治攻坚战的同时，即将进入减污降碳协同治理的新阶段。

2022 年，党的二十大胜利召开，全面系统总结了党的十八大以来我国生态文明建设取得的举世瞩目重大成就、重大变革，深刻阐述了人与自然和谐共生是中国式现代化的中国特色之一，对推动绿色发展、促进人与自然和谐共生作出重大战略部署。战略部署中提出，我们要推进美丽中国建设，坚持山水林田湖草沙一体化保护和系统治理，统筹产业结构调整、污染治理、生态保护、应对气候变化，协同推进降碳、减污、扩绿、增长，推进生态优先、节约集约、绿色低碳发展。这意味着我国生态环境保护要加快发展方式绿色转型，深入推进环境污染防治，提升生态系统多样性、稳定性、持续性，同时积极稳妥推进碳达峰、碳中和。

当前，国家对中央企业生态环保政治责任进一步强化。国资委已多次召开会议，对央企生态环保工作进行部署，要求必须坚持以人民为中心，主动服务国家生态文明建设大局，全力以赴做好生态环保各项工作。未来，国家生态环保法律法规将密集出台，不断加强事中事后监管，坚持用最严格的制度、最严密的法治保护生态环境，对破坏生态环境，损害群众切身利益的突出问题用重典、出重拳。此外，生态环境监管将进一步推进大数据等数字技术与生态环保工作深度融合，广泛应用卫星遥感、热点网络、走航监测等“空天地”一体化监管执法工具，将非现场监管作为日常执法检查的重要方式。

近年来，我国生态环境部坚决贯彻落实习近平生态文明思想和全面依法治国新理念新思想新战略，积极推动用最严格制度、最严密法治保护生态环境。随着国家“简政放权”的实施，我国生态环保法律法规密集修订出台。环保水保行政部门已从注重事前审批转变到强化建设项目事中、事后监督管理，督促建设单位落实环境保护和水土保持主体责任。此外，有关噪声、危险废物等污染防治规定也更为完善，环境污染行政处罚力度越来越大。下面简要介绍与电网环保水保管理相关的法律法规政策。

## 一、输变电建设项目环境保护相关政策

2017 年 7 月，国务院公布《国务院关于修改〈建设项目环境保护管理条例的决定〉》，正式取消建设项目竣工环保验收行政审批许可，改为建设单位自主验收。而建设单位既不能简化验收标准，也不能简化验收程序，应当按照国务院环境保护行政主管部门规定的标准和程序，对配套建设的环境保护设施进行验收并编制报告。这从实质上强化了企业环保主体责任。

2018 年 1 月，生态环境部发布《关于加强建设项目环境影响评价事中事后监管的实施意见》，重点监督环评单位是否依法依规开展作业，建设单位是否落实环评文件及批复要求，在项目设计、施工、验收、投入生产或使用中落实环境保护“三同时”及各项环境管理规定情况。严格环评违法行为查处，依法查处建设项目环评文件未经审批擅自开工建设，初步设计中未落实防治污染和生态破坏的措施，建设过程中未同时组织实施环境保护措施，环境保护设施未经验收或验收不合格即投入生产或使用，未公开环境保护设施验收报告，未依法开展环境影响后评价等违法行为。

2018 年 7 月，生态环境部发布《环境影响评价公众参与办法》。

《办法》规定建设单位在确定环境影响报告书编制单位后 7 个工作日内，应当通过公共媒体网站或者相关政府网站公开信息，且依法听取环境影响评价范围内公民、法人和其他组织的意见，征求公众意见的期限不得少于 10 个工作日。建设单位应当对收到的公众意见进行整理，组织环境影响报告书编制单位或其他有能力的单位进行专业分析，提出采纳或不采纳建议及理由。建设单位向生态环境主管部门报批环境影响报告书时，应当附具公众参与说明。

2018 年 12 月，中华人民共和国第十三届全国人民代表大会常务委员会第七次会议审议通过《中华人民共和国环境影响评价法》（简称《环评法》）修正。新《环评法》规定环评资质正式取消，建设单位具备环评技术能力的，可以自行对其建设项目开展环评。但建设单位应对环评报告书（表）的内容和结论负责，若技术单位存在错误的应承担相应责任。此外，环评审批不再作为项目核准的前置条件，后延到项目开工前，同时大幅提高未批先建的违法成本。

## 二、输变电建设项目水土保持相关政策

2017 年，国务院发布《关于取消一批行政许可事项的决定》，取消生产建设项目水土保持设施验收行政审批，由生产建设单位按标准自行验收；生产建设单位应当加强水土流失监测，在项目投产使用前组织第三方编制水土保持设施验收报告，将自主验收情况向社会公开并向水土保持方案审批机关报备。

2017 年，水利部印发《关于加强事中事后监管规范生产建设项目水土保持设施自主验收》的通知，进一步明确了自主验收程序、验收标准和条件，提出了取消生产建设项目行政验收后强化事中事后监管的任务和要求，并制定了生产建设项目水土保持设施验收报告示范文本、水土保持设施验收鉴定书式样。

2018 年，水利部印发《生产建设项目水土保持设施自主验收规程（试行）》的通知。规定了自主验收应以水土保持方案（含变更）及其批复，水土保持初步设计和施工图设计及其审批（审查、审定）意见为主要依据，划分为验收报告编制和竣工验收两个阶段，并明确

了验收主要内容。明确了水土保持设施验收报告编制责任主体是第三方技术服务机构，水土保持设施竣工验收应在第三方提交水土保持设施验收报告后，在生产建设项目投产运行前完成。

2019 年，水利部印发《生产建设项目水土保持监督管理办法》的通知，规定了生产建设单位应当在水土保持设施验收合格后，及时在其官方网站或者其他公众知悉的网站公示水土保持设施验收材料，公示时间不得少于 20 个工作日。生产建设单位应当在水土保持设施验收通过 3 个月内，向审批水土保持方案的水行政主管部门或者水土保持方案审批机关的同级水行政主管部门报备水土保持设施验收材料。

2019 年，水利部印发《水利部关于进一步深化“放管服”改革全面加强水土保持监管的意见》的通知。优化了审批方式，水土保持方案报告书和报告表应当在项目开工前报水行政主管部门（或者地方人民政府确定的其他水土保持方案审批部门）审批，其中对水土保持方案报告表实行承诺制管理。征占地面积不足 0.5$hm^2$ 且挖填土石方总量不足 1000$m^3$ 的项目，不再办理水土保持方案审批手续，生产建设单位和个人依法做好水土流失防治工作。

2023 年，水利部修订出台了《生产建设项目水土保持方案管理办法》，规定水土保持方案技术评审、水土保持监测、水土保持监理工作的单位不得作为该生产建设项目水土保持设施验收报告编制的第三方机构；确需在水土保持方案确定的弃渣场以外新设弃渣场，或者因弃渣量增加导致弃渣场等级提高的，生产建设单位应当按照 53 号令第十七条规定，开展弃渣减量化、资源化论证，在弃渣前编制水土保持方案补充报告，并取得原审批部门批准。此外，水土保持方案自批准之日起满 3 年，生产建设项目方开工建设的，其水土保持方案应当报原审批部门重新审核。

## 三、危险废物相关政策

2020 年 4 月，中华人民共和国十三届全国人大常委会第十七次会议审议通过修订后的《中华人民共和国固体废物污染环境防治法》

（简称《固废法》）。新《固废法》取消了固废防治设施验收许可，改为建设单位自主验收；提出了信用记录制度，将产生、收集、贮存、运输、利用、处置固体废物的单位信用记录纳入全国信用信息共享平台；完善了工业固体废物监管制度，重点突出“源头防控”，强调产生工业固体废物单位的污染防治义务和责任，并明确了委托他人运输、利用、处置工业固体废物的产废单位应承担环境污染连带责任。此外，新《固废法》设立了危险废物专章，完善了危险废物监管制度，明确了产废单位对危险废物产生到处置全过程污染防治的主体责任，提出了“按日连续处罚”和“双罚制”，大幅提高违法成本。

2021年，生态环境部进一步落实新《固废法》要求，逐步完善危险废物配套制度，修订发布了《国家危险废物名录（2021年版）》《危险废物转移管理办法》，新增对一批危险废物在特定环节满足相关条件时实施豁免管理；对危险废物转移相关方责任，跨省转移管理，全面实行电子联单等内容提出了相关管理要求。

2023年，生态环境部为贯彻《中华人民共和国环境保护法》《中华人民共和国固体废物污染环境防治法》，防治环境污染，改善生态环境质量，修订发布了《危险废物贮存污染控制标准》（GB 18597—2023），细化了危险废物贮存设施的分类，补充了贮存点相关环境管理要求；完善了危险废物贮存设施的选址和建设要求；修订了危险废物贮存设施的污染防治、运行管理和退役要求；补充了危险废物贮存设施环境应急等要求。

## 四、噪声污染防治相关政策

2022年6月，由十三届全国人大常委会第三十二次会议表决通过的《中华人民共和国噪声污染防治法》开始施行。新法进一步加大惩处力度，增加了无证排放工业噪声行为的处罚，规定了对超过噪声排放标准排放建筑施工噪声等违法行为，拒不改正的可责令停工等。新法重新界定了噪声污染定义，扩大适用范围，将超过噪声排放标准或者未依法采取防控措施产生的噪声干扰他人正常生活、工作和学习的现象界定为噪声污染。此外，对于建筑、交通和社会生活噪声都有了更加细化的规定。比如规定空调器、冷却塔、水泵、油烟净化器、风机、发电机、变压器、锅炉、装卸设备等可能产生社会生活噪声污染的设备、设施的企业事业单位和其他经营管理者等，应当采取优化布局、集中排放等措施，防止、减轻噪声污染。

五、水污染防治相关政策

2017 年 6 月，中华人民共和国十二届全国人大常委会第二十八次会议审议通过了关于修改《水污染防治法》的决定。新《水污染防治法》进一步明确了违法界限，超标即违法，不得超总量；重点水污染物排放总量控制制度得到进一步强化；全面推行排污许可证制度，规范企业排污行为；完善水环境监测网络，建立水环境信息统一发布制度；完善饮用水水源保护区管理制度，在立法宗旨中明确增加了“保障饮用水安全”的规定，并专门增设了“饮用水水源和其他特殊水体保护”章节，进一步完善饮用水水源保护区的管理制度；强化城镇污水防治、关注农业和农村水污染防治以及做好水污染事故应急处置；加大违法排污行为处罚力度，加大了对私设暗管等规避监管行为的处罚力度。

## 第二节　国家电网公司环境保护重要举措

电网是重要的能源基础设施，也是践行生态文明理念的重要载体。作为关系国家能源安全的特大型国有骨干企业，国家电网有限公司深入学习贯彻习近平生态文明思想，坚决落实党中央、国务院重大决策部署，在助力打赢蓝天保卫战、服务长江经济带高质量发展、支持黄河流域生态保护和高质量发展、服务绿色低碳冬奥、促进清洁能源消纳、实施电能替代等方面采取了一系列工作举措。围绕服务国家碳达峰、碳中和目标，国家电网有限公司在央企和国内率先发布并全面实施碳达峰、碳中和行动方案，加快抽水蓄能电站开发建设，上线运行新能源云服务平台，加快建设智慧车联网平台，积极推进构建以新能源为主体的新型电力系统，争做能源绿色低碳发展的引领者、推动者和先行者。

国家电网有限公司严格遵守国家生态环境保护法律法规，不断完善环境管理制度标准体系，建立健全环境保护工作长效机制。建立由基本管理制度、专项管理制度、工作规范和技术标准 4 个层次组成，覆盖发展战略、规划设计、建设施工、设备采购、运维检修、技术改造、退役报废、循环利用等全流程业务的制度标准体系，使得公司环境保护工作有章可循、有据可依。

国家电网有限公司坚持资源节约、环境友好、绿色低碳原则，将绿色发展理念融入电网建设运行全过程。在规划选址阶段，优化选址选线，合理避让生态保护红线和环境敏感区，保护沿线森林、草原、湿地等各类生态系统；在可研设计阶段，明确环境保护和水土保持措施（设施）的设计原则和投资估算，编报环境影响评价文件、水土保持方案，开展环境保护、水土保持设计；在建设施工阶段，积极采用有利于保护环境的新技术新工艺新材料，落实环境保护和水土保持“三同时”制度，落实环境影响报告与水土保持方案及其批复文件中环境保护和水土保持要求，减少施工活动对周围环境的影响，避免植被破坏和水土流失，组织开展竣工环境保护和水土保持设施验收；在运行阶段，认真执行环境保护相关标准，加强污染防治设施运维管理，强化技术监督和环境治理，确保噪声、废水、电磁环境等达标；在设备退役阶段，开展电网废弃物环境无害化处置，六氟化硫（$SF_6$）气体回收、净化处理和循环再利用。

## 第三节 电网基础知识

电能是最方便和最清洁的终端能源，是现代人类社会对能源最主要的利用方式。大规模的电能从生产到使用要经过发电、输电、配电及用电 4 个环节，这 4 个环节组成了电力系统。可以说，电力系统就是分布在辽阔地域的发电厂、变电站、输配电线路、用电设备等组成的大型互联系统，也是最大的人造能量传送系统。

## 一、发电

常见的发电方式主要有火力发电、水力发电、核能发电、风力发电及太阳能发电等。

### 1. 火力发电

火力发电是指燃烧煤炭、石油、液化天然气等燃料，产生的热能使锅炉中的水受热成为高温高压的蒸汽，并推动汽轮机转动，进而带动发电机发电。火力发电主要由燃烧系统、汽水系统、电气系统及控制系统等组成。前二者产生高温高压蒸汽；电气系统实现由热能、机械能到电能的转变；控制系统保证各系统安全、合理、经济运行。

### 2. 水力发电

水力发电利用高处的水向低处流动时的势能，将其转换为动能，通过装设在水道低处的水轮机将水流的推动转换为转动，带动发电机将机械能转换为电能。

### 3. 核能发电

核能发电利用核反应时产生的能量，将反应堆中的水加热产生蒸汽，在蒸汽的推动下，汽轮机带动发电机转动产生电能。

### 4. 风力发电

风力发电利用风力推动风车带动发电机发电。

### 5. 太阳能发电

太阳能发电可分为太阳热能发电和太阳光能发电两种。利用聚热装置将太阳热能聚集并加热水管中的水产生蒸汽，进而带动涡轮发电机发电，称为太阳热能发电；将具有光电效应的硅材料制成太阳能电池板，通过接受太阳光能的照射将光能转变成电能，称为太阳光能发电。

### 6. 其他发电方式

此外，还有生物质能发电、地热发电、磁流体发电、潮汐发电、海洋温差发电、波浪发电等多种发电方式。我国的火力发电和水力发电所占比重较大，火力发电占大部分，且火力发电的大部分为燃煤发电。

二、输电和配电

电网包含输电和配电，是由电力系统中各种电压等级的输电线路和各种类型的变电站连接而成的网络，其作用是将电能传输和分配给各用电单位。电网是协调电力生产、分配、输送和消费的重要基础设施，是高效快捷的能源输送通道和优化配置平台，也是能源电力可持续发展的关键环节，在现代能源供应体系中发挥着重要的枢纽作用，关系国家能源安全。随着我国用电负荷的强劲增长以及输电容量和规模的日益扩大，我国电网的发展趋势将可能在跨省（区）超高压电网之上逐步形成以实现远距离、大规模、低损耗输电为特征的特高压电网。

1. 输电

输电是将发电站发出的电能通过高压输电线路输送到消费电能的地区（又称负荷中心），或进行相邻电网之间的电力互送，使其形成互联电网或统一电网，以保持发电和用电或两个电网之间的供需平衡。输电方式主要有交流输电和直流输电两种。通常所说的交流输电是指三相交流输电。直流输电则包括两端直流输电和多端直流输电，绝大多数的直流输电工程是两端直流输电。交流输电和直流输电两种方式具有各自的特点，总的来说，直流换流站造价远高于交流变电站，而直流输电线路造价则明显低于交流输电线路。随着距离的改变，交流、直流两种输电方式的造价和总费用将作相应的增减变化。在某一输电距离下，两者总费用相等的距离称为等价距离，为700～800km。一般来说，大于等价距离，采用直流合理；小于等价距离，采用交流合理。特高压输电是指电压等级在交流1000kV及以上和直流±800kV及以上的输电技术，具有输送容量大、距离远、效率高和损耗低等技术优势。我国发电能源分布和经济发展极不均衡的基本国情，决定了能源资源必须在全国范围内优化配置。只有建设特高压电网，才能适应东西2000～3000km、南北800～2000km远距离、大容量的电力输送需求，促进煤电就地转化和水、电、风能大规模开发，实现跨地区、跨流域的水火互济。特高压电网不仅满足新能源发电提出的新需求，还可以大幅度提高电网自身的安全性、可靠性、灵活性和经济性，具有显著的社会效益和经济效益。

2. 配电

配电是在消费电能的地区接受输电网受端的电力，然后进行再分配，输送到城市、郊区、乡镇和农村，并进一步分配和供给工业、农业、商业、居民以及特殊需要的用电部门。与输电网类似，配电网主要由电压相对较低的配电线路、开关设备、互感器和配电变压器等构成。配电网几乎全采用三相交流网络。

## 三、用电

用电主要是通过安装在配电网上的用户变压器，将配电网上的电压进一步降低到更低的电压，如 10V、380V 三相电或 220V 单相电，供厂矿企业、办公楼和居民小区等用户使用。

# 第二章　电网环境影响因素及防治

## 第一节　电网环境影响因素

一、电磁环境

电磁环境是输变电工程特有的环境现象，指由带电导体产生的电场、载流导体产生的磁场、输电线路导线与变电站（换流站）母线等带电导体表面电位梯度超过某一定值时产生的电晕放电引起的无线电干扰与电晕噪声、变电站（换流站）主设备运行产生的可听噪声等是输变电工程附近局部区域环境受到影响的现象。随着人民生活水平日益提高和对自身所处环境质量意识的不断增强，输变电工程周围的电场和磁场是否存在潜在健康危害，在一些地方已成为公众关注热点。

1. 电场、磁场和电磁场的概念

（1）电场的概念。电荷的周围存在着的一种特殊的物质，即电场。“场”与通常的实物不同，不是由分子原子组成，但却是客观存在的特殊物质，具有通常物质所具有的力的客观属性。因此，电场对放入其中的电荷有力的作用，这种力称为电场力。电场的强弱和方向用电场强度表示，常用字母 $E$ 表示，电场强度的单位是伏每米（V/m）或千伏每米（kV/m）。

（2）磁场的概念。电流、运动电荷、磁体或变化电场周围空间存在的一种特殊形态的物质，叫磁场。由于磁体的磁性来源于电流，电流是电荷的运动。因而概括地说，磁场是由运动的电荷或电场的变化而产生的。磁场的强弱和方向用磁感应强度表示，常用字母 $B$ 表示，国际通用单位为特斯拉（T），较小量程单位为毫特斯拉（mT）或微特斯拉（$\mu$T）。

（3）电磁场的概念。静止电荷在其周围空间产生电场，运动电荷

（即电流）在其周围空间同时产生磁场。当频率很低时，电场和磁场是相互独立的，彼此没有联系。当频率很高时，变化的电场和磁场可以相互转换且存在定量的波阻抗关系，而且可以脱离电荷或电流以波的形式向空间传播电磁能量。所以在高频情况下，电场和磁场是相互依存、相互转化的。我们把这种情况下的电场和磁场统称为电磁场，把这种能脱离电荷或电流以波的形式向空间传播电磁能量的电磁场也形象地称作电磁波。

2. 交流输电的工频电场和工频磁场

我国电力系统的电源工作频率（简称工频）为50Hz，属于极低频（ELF）（0～300Hz）范围，其波长达到6000km。由电磁场理论可知，只有当一个电磁系统的尺寸与其工作波长相当时，该系统才能向空间发射电磁能量。这样的电磁系统一般被称为天线系统。输变电设施的尺寸远小于这一波长，构不成有效的电磁能量发射，其周围的工频电场和工频磁场没有互相依存、互相转化的关系，彼此独立没有联系。其特点是随着距离的增大成指数级衰减。在我们生活环境中使用的家用电器，如电视机、吸尘器、冰箱、电热毯、交流电动剃须刀等均会产生工频电场和工频磁场。

3. 直流输电的电场和磁场

在现代直流输电系统中，只有输电环节有应用到直流电，发电系统和用电系统仍然是交流电。直流输电线路运行时，导线上的电荷在空间产生电场，称为标称电场或静电场。当导线表面的电场强度超过空气的击穿强度时，导线表面会发生电晕放电，在两级导线之间和导线与大地之间的整个空间将充满带电离子，空间带电离子流产生的电场称为离子场。标称电场与离子场叠加形成合成电场。直流合成电场与导线分裂数、子导线直径、极导线间距和导线对地高度、导线表面状况有关。合成电场远离极导线衰减较快，且受环境气候影响较大。

4. 输变电工程电磁环境影响

根据上述概念可知，我国交流输电工频电磁场属于极低频场。国际研究一致表明，极低频场与生物组织相互作用的唯一实际方式是在生物组织中感应电场和电流。然而，在通常遇到的极低频场曝露水平下，所感应的电流比我们体内自然存在的电流数值还低。所谓“电磁辐射”是心血管疾病、糖尿病、癌突变的主要诱因等说法，忽视了不同频率电磁场曝露源对人体具有不同作用机理这一事实，笼统地渲染“电磁辐射”危害，是不科学、误导性的。此外，关于静（直流）电场与磁场，除了在非常高的场强下造成电气放电、体内磁力作用和对运动的生物体感应电流以外，并未发现有值得注意的健康影响。

5. 电磁场控制标准

（1）工频电磁场。国际非电离辐射防护委员会（ICNIRP）于2010年发布了《限制时变电场和磁场曝露的导则（1Hz～100kHz）》。《导则》规定，对公众的工频电场限值是5kV/m，对公众工频磁感应强度的限值是0.2mT（即200μT）。此限值对保护公众健康已留有足够的安全裕度，得到世界卫生组织的认可与推荐，已被包括欧美发达国家在内的许多国家所采用。

我国电磁环境目前执行《电磁环境控制限值》（GB 8702—2014）。该标准明确了频率50Hz（工频）时，居民区输变电工程电场曝露限值为4kV/m，磁场曝露限值为100μT；架空输电线路线下的耕地、园地、牧草地、畜禽饲养地、养殖水面、道路等场所，频率50Hz时的电场强度控制限值为10kV/m，且应给出警示和防护指示标志。另外，从电磁环境保护管理角度，100kV以下电压等级的交流输变电设施产生电场、磁场、电磁场的设施（设备）可免予管理。我国的公众曝露控制限值和ICNIRP导则中的限值标准对比见表2-1。

**表2-1　我国的公众曝露控制限值和ICNIRP导则中的限值标准对比**

| 机构/国家 | 曝露特性 | 导出限值 | |
|---|---|---|---|
| | | 工频电场/(kV/m) | 工频磁场/mT |
| ICNIRP | 职业人员 | 10 | 0.5 |
| | 一般民众 | 5 | 0.2 |
| 中国 | 一般民众 | 4 | 0.1 |

（2）直流合成电场强度（合成场强）限值。我国直流合成电场强度（合成场强）限值执行《直流输电工程合成电场限值及其监测方法》（GB 39220—2020）。该标准规定，为控制合成电场所致公众曝露，环境中合成电场强度 $E_{95}$ 的限值为25kV/m（95%的测量时间内测量数据绝对值小于等于25kV/m），且 $E_{80}$ 的限值为15kV/m（80%的测量时间内测量数据绝对值小于等于15kV/m）。

直流架空输电线路线下的耕地、园地、牧草地、畜禽饲养地、养殖水面、道路等场所的合成电场强度 $E_{95}$ 的限值为30kV/m（95%的测量时间内测量数据绝对值小于等于30kV/m）。

## 二、声环境

从环境保护的角度来说，凡是影响人们正常的工作、学习和休息的声音，即人们不需要的、使人烦躁的声音，均称为噪声。噪声具有受主观心理性和生理性影响，在空气中衰减快，在环境中无污染物残留，存在慢性和间接的危害等特点。噪声是电力行业较为突出、影响较大的职业性有害因素。为了科学直观地反映电力行业噪声作业环境，对生产作业场所噪声进行科学、量化的监督和管理尤为重要。环境噪声声源多样，不同声源具有不同的噪声影响特性，依据工程实施顺序，电网噪声分为建设施工期噪声和运行期噪声。其中，电网运行期噪声主要包括变电站（换流站）噪声和架空输电线路噪声。

### 1. 电网建设施工期噪声

电网建设施工期噪声主要来源于施工机械和运输车辆等工程机械辐射的噪声，其噪声原理主要分为结构力噪声和空气动力噪声。电网建设施工期噪声具有间歇性或阵发性、流动性。不同工程机械的噪声声源特征不同，有些机械噪声呈现振动式、突发性、脉冲性；有些机械噪声频率低，不易衰减。噪声声源叠加，声压级随离开声源（工程机械）距离的增加而衰减。

### 2. 电网运行期噪声

电网运行期噪声主要包括变电站（换流站）噪声和架空输电线路

噪声。

（1）变电站（换流站）噪声。变电站（换流站）噪声声源主要包括变压器、电抗器、通风散热系统及高压进出线等。

变压器噪声来源于变压器本体和冷却系统两个方面。本体振动是变压器本体噪声（电磁噪声）产生的根源，主要表现为：硅钢片的磁致伸缩引起的铁心振动；硅钢片接缝处和叠片之间存在着因漏磁而产生的电磁吸引力引起铁心的振动；当绕组中有负载电流通过时，负载电流产生的漏磁通在绕组导体间产生电磁力引起绕组的振动；负载电流产生的漏磁通引起油箱壁（包括磁屏蔽等）的振动。其中，硅钢片发生磁致伸缩引起铁心周期性振动并引起变压器外壳产生振动是变压器本体噪声的主要来源。变压器冷却系统噪声主要来自油泵和冷却风扇等冷却装置运行时振动而产生的机械噪声和空气动力性噪声。同时，变压器本体振动可以通过绝缘油、管接头及其装配零件传递给冷却系统，加剧冷却系统振动，导致冷却系统噪声加大。变压器声功率级随系统电压等级的升高而增大，呈现低频特性，频率为 100Hz 基频及其整数倍；冷却系统噪声频带较宽，呈现中高频特性，频率为 500～4000Hz，频谱为两者叠加。声压级随离开变压器距离的增加而衰减；随着距离的增加，低频率段比高频率段的噪声衰减效应大。变压器本体低频噪声具有穿透能力强的特点，冷却系统噪声具有季节性特点。

电抗器噪声与变压器噪声类似，由铁心、绕组、油箱（包括磁屏蔽等）及冷却装置的振动产生。但是，电抗器磁通密度（约为 1.4T）比变压器磁通密度（1.5～1.8T）小，铁心磁致伸缩引起的噪声相对较小；电抗器冷却风扇的功率相对低，其产生的噪声比变压器冷却系统的噪声小。高压电抗器声功率级随电压等级和额定容量的升高而增大；在一定的功率负荷内，高压电抗器噪声与运行负荷无显著相关性。高压电抗器噪声频率主要集中在 100Hz 中心频率 1/3 倍频带频段，其他频段噪声水平相对较低；冷却装置噪声频率在中高频频段。声压级随离开电抗器距离的增加而衰减，产生明显的干涉现象。

通风散热系统主要有排风扇、空调、风机等设备，其噪声来源于设备运行时振动而产生的机械噪声以及高速气流、不稳定气流与物体相互作用产生的空气动力性噪声。通风散热系统噪声特性有：噪声大小与设备通风量相关；噪声频率以中高频为主；声压级随离开通风散热系统距离的增加而衰减；噪声具有季节性特点等。

高压进出线电晕噪声为导线周围空气电晕放电时所产生的人耳能够直接听得见的噪声。高压进出线电晕噪声频率以低频为主。由于高压进出线负载电压不同，进线噪声水平高于出线噪声水平。声压级随离开高压进出线距离的增加而衰减。

综上，变压器和电抗器等设备噪声、通风散热系统噪声、高压进出线电晕噪声等共同叠加后，会影响变电站厂界噪声水平。由于变压器、电抗器和通风散热系统等设备距厂界的距离不同，以及其他多方面声传播衰减效应不同，变电站（换流站）厂界不同位置处的噪声水平相差较大。厂界不同位置处，噪声频率或以低频为主，或以中高频为主，或是低频和中高频的叠加。噪声水平横向分布，声压级随离开厂界距离的增加而衰减。受环境本底噪声的影响，厂界噪声衰减到一定程度时不再有明显衰减。

（2）架空输电线路噪声。架空输电线路噪声主要为电晕可听噪声，是导线周围空气电离放电时所产生的人耳能够直接听得见的噪声，是一种声频干扰。电晕放电产生的带电粒子与空气分子之间的相互作用，引起空气分子振动，进而产生输电线路的可听噪声。

交流输电线路电晕可听噪声有交流输电线路噪声和直流输电线路电晕可听噪声两个特征分量，其中由正极性流注放电产生的宽频带噪声（破裂声、吱吱声或嘶嘶声）是交流输电线路噪声的主要成分。由于电压周期性变化，导致导线带电离子形成往返运动的现象，进而产生频率是50Hz倍频的纯音（哼声和嗡嗡声）。直流输电线路电晕可听噪声主要来源于正极性脉冲流注放电，噪声具有脉冲特性；随机发生的流注放电发出不连续的“噼啪”声，以较高声压的声波形式传播，噪声中不含有纯音。同时，输电线路电晕可听噪声在传播过程中，经距离衰减、空气吸收、树木吸收和地面效应等引起噪声水平衰减，噪声强度降低。

输电线路电晕可听噪声主要影响因素有线路运行电压、导线参数、线路结构参数、环境因素及地理位置因素等。其中导线参数包括导线分裂数、导线直径、导线分裂间距、导线截面和导线老化程度等；线路结构参数包括导线架线形式、相导线对地高度和相导线之间距离等；环境因素包括温度、湿度、风速、导线表面状况、导线附近质点以及导线上水滴情况等；地理位置因素包括气压、海拔和空气密度等。

同时，输电线路电晕可听噪声受环境因素的影响较大。对交流输电线路而言，在晴朗的天气，交流输电线路电晕可听噪声较小；在潮湿的雨天或雾天，线路导线上的小水滴产生大量沿导线随机分布的电晕放电点，导致输电线路导线电晕可听噪声明显比晴天时大。但是，在雨天天气，环境背景噪声也较大。对直流输电线路而言，在雨天天气，线路导线的起晕场强比晴天时低，线路导线周围的离子比晴天时多；下雨初期，线路导线表面离子浓度不大，电晕放电比晴天时稍强；下雨一段时间后，线路导线起晕场强进一步降低，线路导线表面离子增加，导致线路导线不规则的面都被较浓的电荷所包围，减小了电晕放电强度，线路电晕可听噪声比晴天时减小。

3. 噪声的危害

噪声对人类的危害是多方面的，危害程度主要取决于噪声频率、强度及曝露时间。噪声对人类的危害具体表现为：噪声能够影响人类的睡眠，使其无法正常的休息；噪声能够使人烦恼和疲劳，进而无法集中精力而导致工作效率下降。此外，除了对人类的影响外，噪声能够导致动物听觉器官、视觉器官、内脏器官及中枢神经系统的病理性变化；能够促进果蔬的衰老进程和加速植物细胞的分裂；能够损坏仪器设备和破坏建筑结构。

4. 噪声控制标准

根据区域的使用功能特点和环境质量要求，《声环境质量标准》（GB 3096—2008）定义了 5 种类型的声环境功能区，《工业企业厂界环境噪声排放标准》（GB 12348—2008）定义了 4 种声功能区。基于

GB 3096—2008，变电站（换流站）及输电线路周围、声环境敏感建筑物噪声执行标准限值见表 2-2 和表 2-3。

**表 2-2　　　　　　　　环境噪声限值**

<table>
<tr><th colspan="2" rowspan="2">声环境功能区类别</th><th colspan="2">限值/dB（A）</th></tr>
<tr><th>昼间</th><th>夜间</th></tr>
<tr><td colspan="2">0 类：指康复疗养区等特别需要安静的区域</td><td>50</td><td>40</td></tr>
<tr><td colspan="2">1 类：指以居民住宅、医疗卫生、文化教育、科研设计、行政办公为主要功能，需要保持安静的区域</td><td>55</td><td>45</td></tr>
<tr><td colspan="2">2 类：指以商业金融、集市贸易为主要功能，或者居住、商业、工业混杂，需要维护住宅安静的区域</td><td>60</td><td>50</td></tr>
<tr><td colspan="2">3 类：指以工业生产、仓储物流为主要功能，需要防止工业噪声对周围环境产生严重影响的区域</td><td>65</td><td>55</td></tr>
<tr><td rowspan="2">4 类：指交通干线两侧一定距离之内，需要防止交通噪声对周围环境产生严重影响的区域</td><td>4a 类：高速公路、一级公路、二级公路、城市快速路、城市主干路、城市次干路、城市轨道交通（地面段）、内河航道两侧区域</td><td>70</td><td>55</td></tr>
<tr><td>4b 类：铁路干线两侧区域</td><td>70</td><td>60</td></tr>
</table>

**表 2-3　　　　结构传播固定设备室内噪声排放限值**

| 噪声敏感建筑物所处声环境功能区类别 | 室内噪声排放限值/dB（A） | | | |
|---|---|---|---|---|
| | A 类房间 | | B 类房间 | |
| | 时段 | | 时段 | |
| | 昼间 | 夜间 | 昼间 | 夜间 |
| 0 类 | 40 | 30 | 40 | 30 |
| 1 类 | 40 | 30 | 45 | 35 |
| 2、3、4 类 | 45 | 35 | 50 | 40 |

其中 A 类房间指以睡眠为主要目的，需要保证夜间安静的房间，包括住宅卧室、医院病房、宾馆客房等；B 类房间指主要在昼间使用，需要保证思考与精神集中、正常讲话不被干扰的房间，包括学校教室、会议室、办公室、住宅中卧室以外的其他房间等。

电网建设施工期，建筑施工噪声排放执行《建筑施工场界环境噪声排放标准》（GB 12523—2011），排放限值见表 2-4。

表 2-4　　建筑施工场界环境噪声排放限值

| 昼间/dB（A） | 夜间/dB（A） |
| --- | --- |
| 70 | 55 |

此外，对于架空输电线路噪声控制，《110kV～750kV架空输电线路设计规范》（GB 50545—2010）规定，海拔不超过1000m时，距输电线路边相导线投影外20m处，湿导线条件下的可听噪声限值为标称电压110～750kV，噪声限值55dB（A）；《1000kV架空输电线路电磁环境控制值》（DL/T 1187—2012）中规定，1000kV交流特高压线路距边相导线投影外20m处，可听噪声50%统计值不超过55dB（A）；《±800kV特高压直流线路电磁环境参数限值》（DL/T 1088—2020）中规定，±800kV直流特高压线路正极线地面投影20m处，晴天时电晕产生的可听噪声50%值不超过45dB（A）。

## 三、水环境

变电站（换流站）排放废水根据废水来源，可分为生活污水和工业废水两大类。生活污水是指人们生活过程中排出的废水，主要包括粪便水、浴洗水、洗涤水及冲洗水等；工业废水是指工业生产中排出的废水，电网工业废水主要就是换流站内产生的循环冷却水。变电站（换流站）水环境污染物主要有悬浮物、酸碱污染物、需氧有机污染物、氮磷和油类等。

### 1. 悬浮物

悬浮物指悬浮在水中的固体物质。不溶于水的砂、黏土微粒和动植物有机体残骸等通过风吹、沉降等作用进入水环境，成为悬浮物的主要来源。水中悬浮物含量是衡量水污染程度的指标之一。悬浮物污染不但使水质变得浑浊，还会使管道及设备堵塞、磨损，干扰废水处理及回收设备的工作。悬浮性固体会导致鱼类窒息死亡，并且能使水质恶化；溶解性固体能增加水中的无机盐浓度，使土壤板结等。

### 2. 酸碱污染物

变电站酸碱污染物主要与当地自然环境和生活污水有关，变电站设备运行不产生酸碱性污染物。废水中的酸碱度以 pH 反映其含量。雨季较大时有些变电站废水会出现 pH 降低的情况，这可能是酸雨造成的，这与当地自然环境质量高度相关。酸性废水的危害在于有较大的腐蚀性；碱性废水易产生泡沫，使土壤盐碱化。城市污水的酸碱性变化不大，微生物生长要求为中性偏碱为最佳，当 pH 超出 6～9 的范围，将会对人畜造成危害。

3. 需氧有机污染物

电网废水中需氧有机物可分为天然有机物和人工合成有机物两种。天然有机物包括动植物残体、生物代谢产物等，主要为碳水化合物和蛋白质；人工合成有机物主要为洗涤剂、农药、食品添加剂等。其中天然有机物是电网有机物的主要组成成分。由于对水质影响较大的有机物是需氧有机物，包括生活产生的碳水化合物、蛋白质等，因此需对变电站生活污水进行处理。虽然需氧有机物没有毒性，但水体需氧有机物越多，耗氧也越多，水质就越差，水体污染就越严重。需氧有机物造成的水体缺氧，对水生生物中鱼类危害严重。充足的溶解氧是鱼类生存的必要条件，目前水污染造成的死鱼事件，绝大多数是由于这种类型的污染所致。当水体中溶解氧消失时，厌氧菌繁殖，形成厌氧分解，产生黑臭，分解出甲烷、硫化氢等有毒有害气体，更不适于鱼类生存和繁殖。

4. 氮磷

总氮是指水中各种形态无机和有机氮的总量，是衡量水质的重要指标之一。包括 $NO_3^-$、$NO_2^-$ 和 $NH_4^+$ 等无机氮、蛋白质、氨基酸和有机胺等有机氮。总磷是水体中磷元素的总含量，是水体富含有机质的指标之一。水中磷可以以元素磷、正磷酸盐、缩合磷酸盐、焦磷酸盐、偏磷酸盐和有机团结合的磷酸盐等形式存在。变电站水环境中的氮主要来源于生活污水，磷主要来源于生活污水、化肥、有机磷农药及洗涤剂所用的磷酸盐增洁剂等。氮、磷大量进入湖泊、河口、海湾等缓流水体时，水体会出现富营养化，引起藻类及其他浮游生物迅速繁殖，水体溶解氧量下降，水质恶化，鱼类及其他生物大量死亡的现象。

5. 油类

生活污水中含有的食用油和变压器等含油设备在日常维护检修中产生的废矿物油是电网废水中油类的主要来源。若油类物质不慎进入周边水环境，则会在水面形成一层油膜，使大气与水面隔绝，导致水体缺氧。油膜还会附着于鱼鳃，使得鱼类窒息而死。若含油污染物渗流到土壤环境中，会导致土壤污染，妨碍植物通气和光合作用，使农作物大量减产。

6. 水环境质量标准

电网外排水执行标准主要根据环境影响报告或外部受纳水体功能区划分决定的。常见的执行标准主要包括《污水排放综合标准》（GB 8978—1996）和《污水排入城镇下水道水质标准》（GB/T 31962—2015）。前者规定了69种水污染物最高允许排放浓度，并根据排放去向将最高允许排放浓度分为一级、二级、三级3个等级，后者则根据城镇下水道末端污水处理厂的处理程度，将控制限值分为A、B、C 3个等级。此外，当涉及全盐量时，还应参照《农田灌溉水水质标准》（GB 5084—2021）。

GB 8978—1996和GB/T 31962—2015中分别列举了8项与变电站水环境相关的指标，最高允许排放浓度分别见表2-5和表2-6。

**表2-5　《污水排放综合标准》（GB 8978—1996）中最高允许排放浓度**

| 序号 | 污染物 | 一级/（mg/L） | 二级/（mg/L） | 三级/（mg/L） |
| --- | --- | --- | --- | --- |
| 1 | pH值 | 6～9 | 6～9 | 6～9 |
| 2 | 化学需氧量（COD） | 100 | 150 | 500 |
| 3 | 五日生化需氧量（$BOD_5$） | 20 | 30 | 300 |
| 4 | 氨氮（$NH_3$-N） | 15 | 25 | — |
| 5 | 总磷 | 0.5 | 1.0 | — |
| 6 | 石油类 | 5 | 10 | 20 |
| 7 | 动植物油 | 10 | 15 | 100 |
| 8 | 悬浮物（SS） | 70 | 150 | 400 |

**表 2-6　《污水排入城镇下水道水质标准》(GB/T 31962—2015) 中最高允许排放浓度**

| 序号 | 污染物 | A级/(mg/L) | B级/(mg/L) | C级/(mg/L) |
|---|---|---|---|---|
| 1 | pH值 | 6.5～9.5 | 6.5～9.5 | 6.5～9.5 |
| 2 | 化学需氧量（COD） | 500 | 500 | 300 |
| 3 | 五日生化需氧量（$BOD_5$） | 350 | 350 | 150 |
| 4 | 氨氮（$NH_3$-N） | 45 | 45 | 25 |
| 5 | 总磷 | 8 | 8 | 5 |
| 6 | 石油类 | 15 | 15 | 10 |
| 7 | 动植物油 | 100 | 100 | 100 |
| 8 | 悬浮物（SS） | 400 | 400 | 250 |

## 四、生态环境

由于自然或人为因素的影响、雨水不能就地消纳、顺势下流、冲刷土壤，造成水分和土壤同时流失的现象称为水土流失。根据输变电工程特点，变电站的修建，输电线路塔基开挖，牵张场地以及施工场地的平整，施工临时道路的开辟等都可能引起水土流失。为此，有效落实建设项目水土保持设施、措施并开展监督管理，是防治水土流失的关键。

### 1. 输变电工程水土流失风险因素

（1）变电站施工。变电站区包括站区（含施工生产生活区）、进站道路区、施工力能引接区、站外供排水管线区等，变电站区呈点状分布，单个占地面积较大且施工强度大。首先，在修建变电站时，需要平整场地，这会对原地貌植被产生破坏，若处置不当可能造成水土流失。其次，根据地形地貌的不同，需要回填或开挖土方，这些施工活动会降低地表的抗蚀能力，如果地表裸露，则容易在风力、水力等作用下造成水土流失。再次，设备安装等基础开挖产生的土石方，在专门设置的临时堆土场集中堆放，如果土石方裸露堆放，在强降水情况下容易产生坡面冲刷，形成浅沟侵蚀或面蚀，冲刷产生的泥沙会随着地表径流进入附近河道产生淤积。最后，在土石方回填过程中，回填压实的地表土质松散，土壤抗蚀性弱，如未经硬化、绿化的地表裸露在外，易造成风力侵蚀和水力侵蚀的水土流失。

（2）输电线路施工。输电线路区包括塔基区（含塔基施工区）、牵张场地区、施工道路区、跨越施工区和拆迁场地区等，输电线路呈离散型分布，跨越不同土壤侵蚀类型区，影响水土流失的因素复杂多变，侵蚀单个面积不大但治理难度大，恢复困难。塔基一般有插入式、现浇板式、现浇阶梯型、掏挖型及岩石嵌固式等型式。塔基开挖区的水土流失主要是开挖土方临时堆放点以及地表扰动造成的水土流失，其特点和强度因塔基型式的不同而不同，强度大小排序为：掏挖型＞现浇板式＞现浇阶梯型＞插入式＞岩石嵌固式。在交通不便的地区进行塔基施工时，需修建临时施工道路运输导线、塔材等建筑材料。施工道路和人抬道路需进行少量路基开挖、土石方回填等，会造成地表轻微扰动，破坏植被，导致地表裸露，在外力影响下产生水土流失。

2. 水土流失危害

水土流失会破坏地面完整，造成耕地减少、土地退化、土壤肥力衰退，严重影响农业生产，威胁粮食安全；水土流失会导致江河湖库淤积，加剧洪涝灾害，恶化生存环境，影响交通运输，危害当地村民的生产生活，成为制约山丘区和风沙区经济发展的重要因素，对防洪安全构成巨大威胁，严重影响水资源的开发利用；水土流失会削弱生态系统的调节功能，加重旱灾损失和面源污染，对生态安全和饮水安全构成严重威胁。

3. 水土流失的防治标准

根据《生产建设项目水土流失防治标准》（GB/T 50434—2018），输变电工程水土流失防治责任范围内的扰动土地应全面整治，新增水土流失应得到有效控制，原有水土流失也应得到治理。根据水土保持区划，共分为东北黑土区、北方风沙区、北方土石山区、西北黄土高原区、南方红壤区、西南紫色土区、西南岩溶区、青藏高原区 8 个区，分别制定水土流失防治指标值，分别见表 2-7～表 2-14。

**表 2-7　　东北黑土区水土流失防治指标值**

| 防治指标 | 一级标准 | | 二级标准 | | 三级标准 | |
|---|---|---|---|---|---|---|
| | 施工期 | 设计水平年 | 施工期 | 设计水平年 | 施工期 | 设计水平年 |
| 水土流失治理度（%） | — | 97 | — | 94 | — | 89 |
| 土壤流失控制比 | — | 0.90 | — | 0.85 | — | 0.80 |
| 渣土防护率（%） | 95 | 97 | 90 | 92 | 85 | 90 |
| 表土保护率（%） | 98 | 98 | 95 | 95 | 92 | 92 |
| 林草植被恢复率（%） | — | 97 | — | 95 | — | 90 |
| 林草覆盖率（%） | — | 25 | — | 22 | — | 19 |

**表 2-8　　北方风沙区水土流失防治指标值**

| 防治指标 | 一级标准 | | 二级标准 | | 三级标准 | |
|---|---|---|---|---|---|---|
| | 施工期 | 设计水平年 | 施工期 | 设计水平年 | 施工期 | 设计水平年 |
| 水土流失治理度（%） | — | 85 | — | 82 | — | 77 |
| 土壤流失控制比 | — | 0.80 | — | 0.75 | — | 0.70 |
| 渣土防护率（%） | 85 | 87 | 83 | 85 | 80 | 83 |
| 表土保护率（%） | * | * | * | * | * | * |
| 林草植被恢复率（%） | — | 93 | — | 88 | — | 83 |
| 林草覆盖率（%） | — | 20 | — | 16 | — | 12 |

* 为风沙区表土保护率不作要求，当项目占地类型为耕地、园地时应剥离和保护表土，表土保护率根据实际情况确定。

**表 2-9　　　　北方土石山区水土流失防治指标值**

| 防治指标 | 一级标准 | | 二级标准 | | 三级标准 | |
|---|---|---|---|---|---|---|
| | 施工期 | 设计水平年 | 施工期 | 设计水平年 | 施工期 | 设计水平年 |
| 水土流失治理度（%） | — | 95 | — | 92 | — | 87 |
| 土壤流失控制比 | — | 0.90 | — | 0.85 | — | 0.80 |
| 渣土防护率（%） | 95 | 97 | 90 | 95 | 85 | 90 |
| 表土保护率（%） | 95 | 95 | 92 | 92 | 90 | 90 |
| 林草植被恢复率（%） | — | 97 | — | 95 | — | 90 |
| 林草覆盖率（%） | — | 25 | — | 22 | — | 19 |

**表 2-10　　　　西北黄土高原区水土流失防治指标值**

| 防治指标 | 一级标准 | | 二级标准 | | 三级标准 | |
|---|---|---|---|---|---|---|
| | 施工期 | 设计水平年 | 施工期 | 设计水平年 | 施工期 | 设计水平年 |
| 水土流失治理度（%） | — | 93 | — | 90 | — | 85 |
| 土壤流失控制比 | — | 0.80 | — | 0.75 | — | 0.70 |
| 渣土防护率（%） | 90 | 92 | 85 | 88 | 80 | 85 |
| 表土保护率（%） | 90 | 90 | 85 | 85 | 80 | 80 |
| 林草植被恢复率（%） | — | 95 | — | 90 | — | 85 |
| 林草覆盖率（%） | — | 22 | — | 18 | — | 14 |

此外，当同一工程涉及两个以上防治标准等级区域时，应分区段确定指标值。当工程位于城市区时，渣土防护率和林草覆盖率可提高1%～2%。

表 2-11 南方红壤区水土流失防治指标值

| 防治指标 | 一级标准 | | 二级标准 | | 三级标准 | |
|---|---|---|---|---|---|---|
| | 施工期 | 设计水平年 | 施工期 | 设计水平年 | 施工期 | 设计水平年 |
| 水土流失治理度（%） | — | 98 | — | 95 | — | 90 |
| 土壤流失控制比 | — | 0.90 | — | 0.85 | — | 0.80 |
| 渣土防护率（%） | 95 | 97 | 90 | 95 | 85 | 90 |
| 表土保护率（%） | 92 | 92 | 87 | 87 | 82 | 82 |
| 林草植被恢复率（%） | — | 98 | — | 95 | — | 90 |
| 林草覆盖率（%） | — | 25 | — | 22 | — | 19 |

表 2-12 西南紫色土区水土流失防治指标值

| 防治指标 | 一级标准 | | 二级标准 | | 三级标准 | |
|---|---|---|---|---|---|---|
| | 施工期 | 设计水平年 | 施工期 | 设计水平年 | 施工期 | 设计水平年 |
| 水土流失治理度（%） | — | 97 | — | 94 | — | 89 |
| 土壤流失控制比 | — | 0.85 | — | 0.80 | — | 0.75 |
| 渣土防护率（%） | 90 | 92 | 85 | 88 | 80 | 84 |
| 表土保护率（%） | 92 | 92 | 87 | 87 | 82 | 82 |
| 林草植被恢复率（%） | — | 97 | — | 95 | — | 90 |
| 林草覆盖率（%） | — | 23 | — | 22 | — | 19 |

### 4. 生态敏感区

根据《环境影响评价技术导则 生态影响》（HJ 19—2022），生态敏感区包括指法定生态保护区域、重要生境以及其他具有重要生态环

表 2-13　　西南岩溶区水土流失防治指标值

| 防治指标 | 一级标准 | | 二级标准 | | 三级标准 | |
|---|---|---|---|---|---|---|
| | 施工期 | 设计水平年 | 施工期 | 设计水平年 | 施工期 | 设计水平年 |
| 水土流失治理度（%） | — | 97 | — | 94 | — | 89 |
| 土壤流失控制比 | — | 0.85 | — | 0.80 | — | 0.75 |
| 渣土防护率（%） | 90 | 92 | 85 | 88 | 80 | 84 |
| 表土保护率（%） | 95 | 95 | 90 | 90 | 85 | 85 |
| 林草植被恢复率（%） | — | 96 | — | 94 | — | 89 |
| 林草覆盖率（%） | — | 21 | — | 19 | — | 17 |

表 2-14　　青藏高原区水土流失防治指标值

| 防治指标 | 一级标准 | | 二级标准 | | 三级标准 | |
|---|---|---|---|---|---|---|
| | 施工期 | 设计水平年 | 施工期 | 设计水平年 | 施工期 | 设计水平年 |
| 水土流失治理度（%） | — | 85 | — | 82 | — | 77 |
| 土壤流失控制比 | — | 0.80 | — | 0.75 | — | 0.70 |
| 渣土防护率（%） | 85 | 87 | 83 | 85 | 80 | 83 |
| 表土保护率（%） | 90 | 90 | 85 | 85 | 80 | 80 |
| 林草植被恢复率（%） | — | 95 | — | 90 | — | 85 |
| 林草覆盖率（%） | — | 16 | — | 13 | — | 10 |

境、对保护生物多样性具有重要意义的区域。其中，法定生态保护区域包括依据法律法规、政策等规范性文件划定或确认的国家公园、自然保护区、自然公园等自然保护地、世界自然遗产、生态保护红线等区域；重要生境包括重要物种的天然集中分布区、栖息地，重要水生

生物的产卵场、索饵场、越冬场和洄游通道，迁徙鸟类的重要繁殖地、停歇地、越冬地以及野生动物迁徙通道等。

## 五、固体废物

根据《中华人民共和国固体废物污染环境防治法》规定，固体废物是指在生产、生活和其他活动中产生的丧失原有利用价值或者虽未丧失利用价值但被抛弃或者放弃的固态、半固态和置于容器中的气态的物品、物质，以及法律、行政法规规定纳入固体废物管理的物品、物质。电网固体废物种类繁多，按照环境危险特性分类，可分为一般固体废物和危险废物。近年来，国家固体废物领域深化改革，外部监管要求不断加强，为此规范电网固体废物全过程监督管理，是防范固体废物环境风险的关键。

### 1. 电网一般固体废物

电网建设、运维及退役过程中都会产生一般固体废物，施工期固体废物主要为施工人员的生活垃圾和建筑施工垃圾，以及工程拆迁产生的建筑垃圾。电网运行期固体废物主要为值班、运维及管理人员产生的生活垃圾，以及设备检修时可能会产生的一些电网废弃物。此外，在退役报废期还会因设备退役、设备更换产生大量电网废弃物，包括废锂电池、废绝缘子、废瓷瓶、废电缆盖板、废非金属表箱和水泥电杆等。

### 2. 电网危险废物

电网危险废物是指列入《国家危险废物名录》或者根据国家规定的危险废物鉴别标准和鉴别方法认定的具有危险特性的电网废弃物，主要包括废矿物油、废铅蓄电池等。其中，电网废矿物油具有毒性和易燃性，主要在输变配电力设施（变压器、电容器、电抗器、互感器等）检修、技改、退役等过程中产生。废铅蓄电池具有毒性和腐蚀性，主要在信息、通信、自动化和变电站二次设备备用电源检修、技改、退役、报废过程中产生。

### 3. 固体废物的危害

一般固体废物产生量大、种类复杂，通常不会对环境造成危害。

但固体废物产生以后须占地堆放，堆积量越大、占地越多，如不能得到及时处置，将会占用农田，破坏地貌、植被、自然景观等。在运输和处置过程中可能会产生有害气体和粉尘，另有一些有机固体废物在适宜温度下被微生物分解，会释放出有害气体污染大气。

废矿物油中普遍存在且含有多种毒性物质，主要特性污染物有多环芳烃、苯系物和重金属。这些毒性物质一部分来源于实现或为增强某种功能而加入的化学添加剂，另一部分则产生于油品在使用过程中受到的污染、发生的化学变化或某些添加剂因分解作用而生成的产物。废矿物油若处置不当，一旦泄漏或直接倾倒至土壤或水体中，会严重破坏土壤和水体的生态平衡，威胁人类健康和动植物生长。其中，多环芳烃可通过食物链在人体内富集，对人体造成致癌、致畸和致突变的危害；苯系物可通过呼吸系统、皮肤接触、饮食摄入等途径进入人体，对人体中枢神经系统或造血系统造成损害等。重金属铁、铜可通过食物链在人体内富集，过量的铁会使人体中毒，过量的铜将会引起肝脏等器官功能紊乱失调。

废铅蓄电池内含有大量沉积铅泥和废硫酸，并有相当数量的铅粉悬浮在硫酸之中。废铅蓄电池若处置不当、直接投入自然环境，外壳一旦经腐蚀或受损后，其中的铅、铅合金和电解液就易泄漏，就会造成土壤和水体的污染。其中，重金属铅和电解液硫酸可通过呼吸系统、饮食摄入进入人体，引起铅中毒、牙酸蚀病、呼吸道炎症等，危害人类健康。

#### 4. 固体废物污染防治标准

《中华人民共和国固体废物污染环境防治法》规定，电网生产运行过程中产生的电网废弃物，其收集、暂存、运输和处置纳入生态环境部门全过程管控。其中，废矿物油和废铅蓄电池属于危险废物，在企业内部管理中，更应按照国家有关规定和相关环境保护标准要求落实污染防治措施。以废铅蓄电池为例，其暂存的环保要求十分严格，在场所选址、地面处理、消防、通风、泄漏液体收集和安全防护方面，相应的国标和规范性文件均作了详细的要求。

危险废物污染防治相关法律法规、规范性文件有：《中华人民共和国环境保护法》《中华人民共和国环境影响评价法》《中华人民共和国固体废物污染环境防治法》《国家危险废物名录》《危险废物转移管理办法》。

危险废物污染防治相关标准、规范有：《危险废物识别标志设置技术规范》（HJ 1276—2022）、《危险废物贮存污染控制标准》（GB 18597—2023）、《废铅酸蓄电池回收技术规范》（GB/T 37281—2019）、《废铅蓄电池处理污染控制技术规范》（HJ 519—2020）、《废矿物油回收利用污染控制技术规范》（HJ 607—2011）、《危险废物收集、贮存、运输技术规范》（HJ 2025—2012）。

此外，为响应国家固废监管新政策新要求，国家电网公司出台了《国家电网公司电网废弃物环境无害化处置及资源化利用指导意见》《国家电网有限公司电网固体废物环境无害化处置监督管理办法》等文件，进一步规范了电网废弃物管理与处置，提升了电网废弃物环境无害化处置及资源化利用水平。

## 六、六氟化硫（$SF_6$）

### 1. 六氟化硫的起源与特性

六氟化硫气体最早由两位法国化学家莫瓦桑（Moissan）和勒博（Lebeau）于1900年合成，至今已有百年历史。1940年前后，美国军方开始将其用于曼哈顿计划（核军事）；1947年开始商用；二十世纪五六十年代应用于电气设备中，也是大规模民用的开端。

（1）化学特性。六氟化硫化学式为$SF_6$，由单质氟与硫直接化合而得，其分子结构为正八面体，分子量为146。它是一种无色、无味、无毒、不易燃的惰性气体。其化学性质稳定，微溶于水、醇及醚，可溶于氢氧化钾，不与氢氧化钠、液氨、盐酸及水起化学的反应，是目前最不活泼的已知气体之一。

（2）物理特性。六氟化硫在20℃和0.1MPa时的密度为6.1kg/$m^3$，约为空气的5倍。在同空气未充分混合的条件下，六氟化硫气体有向低处积聚的倾向。靠对流和扩散同空气混合缓慢，但一经混合，则不再分离。

(3) 电气特性。六氟化硫具有良好的电气绝缘性能及优异的灭弧性能。其耐电强度为同一压力下氮气的2.5倍，击穿电压是空气的2.5倍，灭弧能力是空气的100倍，是一种优于空气和油之间的新一代超高压绝缘介质材料。

2. 六氟化硫的用途

由于六氟化硫具有稳定的化学性质和优异的绝缘性能、灭弧性能，已被广泛用作高压电气设备的绝缘介质，如断路器、高压开关、高压变压器、高压传输线、互感器等。近年来，六氟化硫也开始不断向中低压电气设备中应用和扩展。

此外，高纯度的六氟化硫在我国尖端科研和生产部门中也扮演重要角色，被认定为急需特种气体。在TFT-LCD面板厂及半导体微电子工业中用于清洁气体和等离子蚀刻气体，在光导纤维制造中用作隔离层掺杂剂，在镁及其合金的冶炼过程中，高纯度的六氟化硫或其混合气体可作为保护气体防止镁及其合金被氧化。在医疗领域，六氟化硫可以作为一种安全的造影剂用于超声造影，特别是肝脏肿瘤的造影检查。在采矿工业中，六氟化硫气体还可以作为反吸附剂，在矿井煤尘中用于置换氧气，保证矿井作业安全。

3. 六氟化硫环境影响特征

(1) 温室效应。随着全球气候变暖以及极端气候频发，应对温室效应带来的全球性问题已经得到越来越多国家的认同和重视。作为重要温室气体之一的六氟化硫也成为国际社会关注的焦点。虽然二氧化碳对温室效应的影响最大，占60%，而六氟化硫气体的影响仅占0.1%，但六氟化硫具有惊人的全球变暖潜势值。全球变暖潜势值(GWP)，这是科学家们为了更加直观的对比不同温室气体全球变暖影响力的衡量指标，它是指在限定的100年时间框架内，不同温室气体产生的温室效应相对于相同效应的二氧化碳的质量，该指标将二氧化碳的GWP设定为相对衡量标准1，而其他5种温室气体的GWP分别为：甲烷21、氧化亚氮310、氢氟碳化物140-11700、全氟化碳6500-9200、六氟化硫23900，即六氟化硫的气候变暖威力是二氧化碳的23900倍。此外，由于六氟化硫是人工合成气体，具有相当稳定的化学性质，因此当它排放到空气中后，极不易与其他物质发生反应，在大气中的生命周期长达3200年，虽然能在平流层及以上大气层缓慢光解和沉降，但仍将在大气中不断地积累，因此六氟化硫所带来的温室效应会在相当长的时间内不断增强。

(2) 窒息剂。六氟化硫是一种窒息剂，在高浓度下会让人呼吸困难、喘息、皮肤和黏膜变蓝、全身痉挛。吸入80%六氟化硫+20%的氧气的混合气体几分钟后，人体会出现四肢麻木，甚至窒息死亡。为此，我国规定，操作空间空气中六氟化硫气体的允许浓度不大于$6g/m^3$或空气中氧含量应大于18%；短期接触，空气中六氟化硫气体的允许浓度不大于$7.5g/m^3$。

(3) 分解物有强烈的腐蚀性和毒性。纯六氟化硫无毒无腐蚀，但在电弧作用下，在电晕、火花和局部放电下或在高温下，六氟化硫会进行分解，其分解物如$SF_4$、$S_2F_2$、$SF_2$、$SOF_2$、$SO_2F_2$、$SOF_4$及HF等，它们都有强烈的腐蚀性和毒性，会刺激人的皮肤、眼睛、黏膜等。如果人体对这些物质的吸入量过大，会引起头晕和肺水肿，严重时可导致死亡。

4. 六氟化硫气体管控

六氟化硫气体是《京都议定书》中限制排放的6种温室气体之一。根据《国家电网有限公司六氟化硫气体回收处理和循环再利用监督管理办法》[国网（基建/4）875—2023] 规定，国家电网公司六氟化硫管理采取“分散回收、灵活处置、统一检测、循环利用”的原则。

## 第二节 电网环境因子监测

### 一、电磁环境监测

电网电磁环境监测主要包括工频电场监测、工频磁场监测及直流合成电场监测。

1. 监测仪器

工频电场和工频磁场测量仪器有很大的相似之处，都是由探测工频场的探头和主机（数据转换、处理、显示单元）组成。探头与主机通过光纤连接，光纤长度不应小于 2.5m，探头的支架应采用不易受潮的非导电材质。同时工频电场和工频磁场的探头可以做一起，也可以分开。常用的仪器有工频场强仪、电磁辐射分析仪和低频电磁场分析仪等。

场磨是合成电场的监测仪器，能同时测量出合成电场的大小和极性，并具备自动连续测量和记录功能。

工频电磁场测定仪应由国家法定计量检定机构根据《关于人体曝露的直流磁场、从 1Hz 到 100kHz 直流磁场、交流磁场和交流电场的测量 第一部分：测量设备的要求》（IEC 61786—1—2013）进行计量检定，并在检定有效期内。

2. 工频电场、工频磁场监测

工频电磁场监测执行《交流输变电工程电磁环境监测方法（试行）》（HJ 681—2013）、《输变电工程电磁环境监测技术规范》（DL/T 334—2021）和《高压交流架空送电线路、变电站工频电场和磁场测量方法》（DL/T 988—2005）。

测量正常运行高压架空送电线路工频电场和磁场时，工频电场和磁场测量地点应选在地势平坦、远离树木、没有其他电力线路、通信线路及广播线路的空地上。测量工频电场和磁场时，测量仪表应架设在地面上 1～2m 的位置，一般情况下选 1m 或 1.5m，这一高度代表了人体的典型高度或胸腔的高度（CIGRE）；在这个高度附近也属于均匀场范围。也可根据需要在其他高度测量，测量报告应清楚标明。测量工频电场时，监测人员与监测仪器探头的距离应不小于 2.5m。监测仪器探头与固定物体的距离应不小于 1m。

从原理上，湿度和温度都不足以对电场的测量结果产生影响。但是，实验室试验证明，湿度会影响测量系统，即在表头和绝缘支架上凝雾，尤其是木质的支架对湿度敏感。为避免通过测量仪表的支架泄漏电流，工频电场和磁场测量时的环境湿度应在 80% 以下。引起磁场畸变或测量误差的可能性相对于电场而言要小一些，可忽略电介质和弱、非磁性导体的临近效应，测量探头可以用一个小的电介质手柄支撑，并可由测量人员手持。采用单轴磁场探头测量磁场时，应调整探头使其位置在测量最大值的方向。

（1）架空输电线路断面监测。工频场以档距中央导线弛垂最大处线路中心的地面投影点为测试原点，沿垂直于线路方向进行，测点间距为 5m，顺序测至边相导线地面投影点外 50m 处止。在测最大值时，两相邻测点间的距离应不大于 1m。

（2）地下输电电缆断面监测。断面监测路径是以地下输电电缆线路中心正上方的地面为起点，沿垂直于线路方向进行，监测点间距为 1m，顺序测至电缆管廊两侧边缘各外延 5m 处为止。对于以电缆管廊中心对称排列的地下输电电缆，只需在管廊一侧的横断面方向上布置监测点。除在电缆横断面监测外，也可在线路其他位置监测，以记录监测点与电缆管廊的相对位置关系以及周围的环境情况。

（3）变电站布点监测。监测点应选择在无进出线或远离进出线（距边导线地面投影不少于 20m）的围墙外 5m 处。如在其他位置监测，应记录监测点与围墙的相对位置关系以及周围的环境情况。断面监测路径应以变电站围墙周围的工频电场和工频磁场监测最大值处为起点，在垂直于围墙的方向上布置，监测点间距为 5m，顺序测至距离围墙 50m 处为止。

（4）建（构）筑物监测。在建（构）筑物外监测，应选择在建筑物靠近输变电工程的一侧，且距离建筑物不小于 1m 处布点。在建（构）筑物内监测，应在距离墙壁或其他固定物体 1.5m 外的区域处布点。如不能满足上述距离要求，则取房屋立足平面中心位置作为监测点，但监测点与周围固定物体（如墙壁）间的距离不小于 1m。在建（构）筑物的阳台或平台监测，应在距离墙壁或其他固定物体（如护栏）1.5m 外的区域布点。如不能满足上述距离要求，则取阳台或平台立足平面中心位置作为监测点。

3. 直流合成电场监测

直流合成电场监测执行《直流输电工程合成电场限值及其监测方法》(GB 39220—2020)和《直流输电线路和换流站的合成场强与离子流密度的测量方法》(GB/T 37543—2019)。

场磨在使用过程中应直接放置在地面上，使用面积为1m×1m的正方形且导电性能良好的金属平板作为接地参考平面，并需可靠接地。接地参考平面上表面与地面间的距离应小于200mm。合成电场的监测应在风速（离地2m处）小于2m/s、无雨、无雾、无雪的天气下进行。

(1) 架空直流输电线路断面监测。布点原则是以档距中央导线弛垂最大处线路中心的地面投影点为测试原点，沿垂直于线路方向进行，测点间距为5m，顺序测至边相导线地面投影点外50m处止，测量最大值时，相邻测点间距可取2m。对敷设于地面以下或水体中的直流电缆输电线路可不监测合成电场。

(2) 换流站外及衰减断面监测。对于换流站厂界测量的布点原则是在各侧围墙外（含进出线线下）距离围墙5m处。根据换流站大小设置监测点，一般每侧围墙设置4～8个监测点。对衰减断面测量的布点原则是：以换流站围墙外5m处为起点，在垂直于围墙的方向上布置。测点间距离可取5m，一般监测至围墙外50m处。

(3) 建筑物监测。建筑物外监测，监测点应布置在建筑物靠近直流输电工程侧，且距离建筑物不小于1m处。建筑物的阳台或用于居住、工作或学习的平台处监测，应在距离墙壁或其他固定物体（如护栏）不小于1m的区域内布点，但不宜布设在需借助工具（如梯子）或采取特殊方式（如攀爬）到达的位置。

4. 质量控制

(1) 工频电磁场监测。在特定的时间、地点和气象条件下，若测量仪表读数是稳定的，测量读数为稳定时的仪表读数；若仪表读数是波动的，应每1min读一个数，取5min的平均值为测量读数。对于输电线路应记录导线排列情况、导线高度、相间距离、导线型号以及导线分裂数、线路电压、电流等线路参数；对于变电站应记录测量位置处的设备布置、设备名称以及母线电压和电流等。此外，还应记录测量时间、环境温度、湿度、仪器型号等。

保证监测布点代表性：每个测点读5个数，取其算术平均值作为监测结果；仪器频率、量程、响应时间符合要求；仪器校准、期间核查及使用检查；监测人员经培训、考核合格后上岗，监测人员不少于2人；异常数据取舍及处理按统计学要求进行。

（2）直流合成电场监测。每个监测点至少监测30min，监测时间段内等时间间隔采样，至少记录100个数据；应记录气象条件包括监测时间段的风速、风向、温度、相对湿度、气压、天气情况等；在合成电场的连续监测中，监测数据分散性较大，应用累计概率的方法进行数据处理。

## 二、噪声监测

电网环境噪声监测主要包括变电站（换流站）噪声监测、架空输电线路噪声监测及背景噪声监测等。

### 1. 监测仪器

噪声监测仪器主要有积分式声级计和噪声实时频谱分析仪等，并配置有声校准器；监测仪器和声校准器的性能应满足相关标准要求。监测仪器和声校准器应定期检定，检定合格并在有效使用期限内；每次噪声测量时，测量前后应在测量现场用声校准器对监测仪器进行声学校准，其前后校准示值偏差不得大于0.5dB（A）。

### 2. 变电站（换流站）设备噪声及厂界（敏感点）噪声监测

变电站（换流站）噪声监测执行《工业企业厂界环境噪声排放标准》(GB 12348—2008)、《高压交流变电站可听噪声测量方法》(DL/T 1327—2014)。

变电站（换流站）噪声监测主要包括变压器、电抗器、通风散热系统等设备噪声监测以及厂界（敏感点）噪声监测。噪声监测时，声源应正常运行或运转，气象条件应符合标准要求（即无雨雪、无雷电、风力小于 5m/s)；传声器应对准噪声声源方向以测得最大值，读数时测量人员应距监测仪器大于 0.5m。

变电站（换流站）设备噪声监测应在设备四周 1m 的间距布设测点；同时，如果相邻两点间的噪声差值大于 3dB（A），需在两点间增加测点。测试时，测量仪器水平放置在三脚架上或手持测试，传声器离地面高度大于 1.2m，距被测设备大于 1m，距任一反射面不小于 1m 的位置。如果户内变电站设备噪声测量时不满足布点要求，需要标明测量仪器距反射面的距离。

变电站（换流站）厂界（敏感点）噪声监测应分别进行昼间、夜间时段测量；应在厂界四周均匀布点，每侧不少于 2 个测点，相邻两点噪声测量值应不大于 3dB（A），否则，需要加密布点。根据变电站（换流站）噪声声源、周围噪声敏感建筑物的布局以及毗邻的区域类别，在厂界布设多个测点，其中，包括距噪声敏感建筑物较近以及受被测声源影响较大的位置；必要时，在距声源、厂界不同距离处测量噪声衰减。一般地，测点选在厂界外 1m、高度 1.2m 以上、距任一反射面距离不小于 1m 的位置。

当变电站（换流站）厂界有围墙且周围有受影响的噪声敏感建筑物时，测点选在厂界外 1m、高于围墙 0.5m 以上的位置；当厂界无法测量到声源的实际排放状况（如声源位于高空、厂界设有声屏障等）时，按厂界外 1m、高度 1.2m 以上、距任一反射面距离不小于 1m 的要求设置测点，同时，在受影响的噪声敏感建筑物户外 1m 处另设测点。

当变电站（换流站）厂界与噪声敏感建筑物距离小于 1m 时，厂界环境噪声在噪声敏感建筑物的室内测量，并将标准限值减 10dB（A）作为评价依据。室内噪声测量时，应在具有代表性的不同楼层设置测点，测点布设在距任一反射面至少 0.5m、距地面 1.2m 高度处，在受噪声影响方向的窗户开启状态下测量。

变电站（换流站）的主要设备噪声通过建筑结构传播至噪声敏感建筑物室内，在噪声敏感建筑物室内测量时，测点布设在距任一反射面至少 0.5m、距地面 1.2m、距外窗 1m 以上，窗户保持在关闭状态下；同时，被测建筑物室内的其他可能干扰测量的声源（如电视机、空调机、排风扇以及镇流器较响的日光灯、运转时的时钟等）应关闭。

3. 架空输电线路噪声监测

架空输电线路噪声监测执行《高压架空输电线路可听噪声测量方法》(DL/T 501—2017)。

架空输电线路噪声监测应尽量避免背景噪声的干扰，必要时在夜间进行。噪声监测时，环境风速不应大于 5m/s；测量人员不应位于声级计或传声器与待测线路之间；同时，必要时传声器、风罩等需采取电场屏蔽。噪声短期测量宜在多种天气条件下进行，交流线路噪声在毛毛雨和小雨等雨天条件下较大，直流线路噪声在晴天条件下较大。

架空输电线路噪声监测场地应选择在地面比较平坦开阔、周围无障碍物的半自由声场空间内。架空输电线路噪声监测位置为：①在档距中央测量时，应选择在两侧塔高基本相同的档距，测点距交流线路外侧相导线或距直流线路正极性导线对地投影外侧 20m 处；②在线路转角、换相杆塔跳线处测量时，测点可布置在垂直于杆塔内外侧跳线方向且距跳线地面投影外侧 20m 处，或布置在杆塔两侧线路导线所成夹角的平分线上且距跳线地面投影外侧 20m 处；③线路噪声横向衰减测量时，测点布置在档距中央，垂直于线路的方向上，分别位于线路中心线、中心线与外侧（或正极）导线之间、外侧（正极）导线的下方以及距外侧（正极）导线的垂直投影距离 10、20、30、40、50m 等处；④线路转角、换相杆塔跳线处噪声横向衰减测量时，测点布置在杆塔两侧线路所成夹角的平分线上，分别位于内外侧跳线的地面投影处以及距跳线地面投影外侧 10、20、30、40、50m 等处。

架空输电线路噪声测量时，传声器放置在地面 1.2m 以上，一般为 1.5m 高度处。自由场传声器的膜片应直接对准交流线路的相导线或直流线路的正极导线；对于同塔多回线路噪声测量，传声器取向以测得最大读数为原则。

4. 背景噪声监测

背景噪声监测执行《环境噪声监测技术规范 噪声测量值修正》（HJ 706—2014）。

变电站（换流站）设备噪声和厂界（敏感点）噪声及架空输电线路噪声监测时，应同时测量背景噪声。若背景噪声无法测量时，声源噪声测量宜在背景噪声较低、较稳定时进行，尽可能避开其他声源干扰。

背景噪声测量与声源噪声测量时的声环境尽量保持一致，测量方法如下。

（1）若被测声源能够停止排放，应在测量声源噪声之前或之后，尽快停止声源并测量背景噪声；背景噪声测点与声源噪声测点位置相同；若被测声源有多个噪声监测点位，应测量各个测点处背景噪声。

（2）若被测声源短时间内不能够停止排放，且声源停止前后的时间段内周围声环境已发生变化，应另行选择与测量声源噪声时声环境一致的时间段测量背景噪声。

（3）若被测声源不能够停止排放，且存在背景噪声对照点，背景噪声可选择在背景噪声对照点测量。

5. 质量控制

变电站（换流站）噪声测量值为 1min 等效连续 A 声级；必要时，在噪声最大值和（或）其他监测点位处进行 1/3 倍频程噪声频谱分析，频谱分布图频率涵盖 20Hz～20kHz 范围。架空输电线路噪声测量值一般为瞬时 A 声级或等效连续 A 声级，同时测量累积百分声级、31.5Hz～16kHz 各倍频程或 1/3 倍频程声压级。

噪声测量结果应根据背景噪声大小情况进行修正，具体修正情形如下。

（1）变电站（换流站）噪声测量结果修正。变电站（换流站）噪声测量结果修正要求为：①噪声测量值与背景噪声值的差值大于 10dB（A）时，噪声测量值不做修正；②噪声测量值与背景噪声值的差值在 3～10dB（A）之间时，差值取整后，按表 2-15 进行修正；③噪声测量值与背景噪声值的差值小于 3dB（A）时，应采取措施降低背景噪声后重新测量，使噪声测量值与背景噪声值差值不小于 3dB（A），对于仍无法满足噪声测量值与背景噪声值的差值不小于 3dB（A）要求的，根据噪声测量值与被测声源排放限值的差值，取整后按表 2-16 给出定性结果。

**表 2-15　　变电站（换流站）噪声测量结果修正**　　dB（A）

| 噪声测量值与背景噪声值的差值 | 3 | 4～5 | 6～10 |
|---|---|---|---|
| 修正值 | −3 | −2 | −1 |

**表 2-16　　噪声测量值与背景噪声值的差值小于 3dB（A）时的结果定性结果**　　dB（A）

| 噪声测量值与被测声源排放限值的差值 | 修正结果 | 评价 |
|---|---|---|
| ≤4 | 小于排放限值 | 达标 |
| ≥5 | 无法评价 | |

（2）架空输电线路噪声测量结果修正。架空输电线路噪声测量结果修正要求为：①噪声测量值与背景噪声值的差值大于或等于 10dB（A）时，噪声测量值不做修正；②噪声测量值与背景噪声值的差值不小于 3dB（A）且小于 10dB（A）时，按表 2-17 进行修正；③噪声测量值与背景噪声值的差值小于 3dB（A）时，测量结果无效。

**表 2-17　　架空输电线路噪声测量结果修正**　　dB（A）

| 噪声测量值与背景噪声值的差值 | [3，4) | [4，6) | [6，10) |
|---|---|---|---|
| 修正值 | −3 | −2 | −1 |

三、废水监测

变电站外排水水质监测，为变电站废水处理技术选择提供依据，对变电站水污染防控具有十分重要的意义。变电站外排水水质监测指标主要包括 pH、化学需氧量（COD）、五日生化需氧量（$BOD_5$）、油类、氨氮（$NH_3$-N）、总磷（TP）、氟化物、硫化物、悬浮物

(SS)、重金属等污染物浓度，换流站除了上述指标外，还需额外监测阀冷水中的全盐量。

1. 检测方法及仪器

检测方法的灵敏度和准确度能满足定量要求，标准方法成熟，易于操作且抗干扰能力强，以及试剂无毒或毒性低等均是变电站水质检测重要的选择依据。不同指标的检测方法及仪器见表 2-18。

**表 2-18　　不同指标的检测方法及仪器**

| 检测项目 | 检测方法 | 执行标准 | 检测仪器 |
| --- | --- | --- | --- |
| pH 值 | 电极法 | HJ 1147—2020 | 酸度计、电极 |
| | 比色法 | — | 安瓿瓶 |
| 化学需氧量(COD) | 重铬酸盐法 | HJ 828—2017 | 滴定管 |
| | 快速消解分光光度法 | HJ/T 399—2007 | 分光光度计 |
| | 氯气校正法 | HJ/T 70—2001 | 滴定管 |
| 五日生化需氧量($BOD_5$) | 稀释与接种法 | HJ 505—2009 | 生化培养箱 |
| | 微生物传感器快速测定法 | HJ/T 86—2002 | 电极 |
| 油类 | 重量法 | CJ/T 51—2018 | 天平 |
| | 红外分光光度法 | HJ 637—2018 | 红外分光光度计 |
| 氨氮 | 纳氏试剂分光光度法 | HJ 535—2009 | 分光光度计 |
| | 连续流动—水杨酸分光光度法 | HJ 665—2013 | 连续流动分析仪 |
| | 蒸馏—中和滴定法 | HJ 537—2009 | 氨氮蒸馏装置 |
| 总磷 | 钼酸铵分光光度法 | GB/T 11893—1989 | 分光光度计 |
| | 流动注射—钼酸铵分光光度法 | HJ 671—2013 | 分光光度计 |
| | 离子色谱法 | HJ 669—2013 | 离子色谱仪 |
| 氟化物 | 离子色谱法 | HJ 84—2016 | 离子色谱仪 |
| | 氟离子选择电极法 | GB 7484—1987 | 氟离子选择电极 |
| | 氟试剂分光光度法 | HJ 488—2009 | 分光光度计 |
| 硫化物 | 亚甲基蓝分光光度法 | HJ 1226—2021 | 分光光度计 |
| | 碘量法 | HJ/T 60—2000 | 滴定管 |
| | 气相分子吸收光谱法 | HJ/T 200—2005 | 气相分子吸收光谱仪 |
| 悬浮物 | 重量法 | GB/T 11901—1989 | 天平 |

续表

| 检测项目 | 检测方法 | 执行标准 | 检测仪器 |
| --- | --- | --- | --- |
| 重金属 | 原子吸收分光光度法 | GB/T 7475—1987 | 原子吸收光谱仪 |
| | 电感耦合等离子体原子发射光谱法 | CJ/T 51—2018 | 电感耦合等离子体原子发射光谱仪 |
| 全盐量 | 重量法 | CJ/T 51—2018 | 天平 |

常用的变电站水质检测方法如下。

（1）pH 测定。测定 pH 的方法有比色法和电极法等，如需粗略测定水样 pH，可使用比色法。pH 值尽量现场测定，不能现场测定的，采集样品于采样瓶中，样品充满容器立即密封，根据标准 2h 内要完成测定。

（2）化学需氧量（COD）测定。测定化学需氧量的标准方法主要有重铬酸盐法、快速消解分光光度法、氯气校正法等。重铬酸钾氧化性很强，可将大部分有机物氧化，但氯离子能被重铬酸钾氧化，对测定产生干扰，可加入硫酸汞消除。快速消解分光光度法与重铬酸钾法消解水样的方法相同，但水样和试剂用量少得多，并且消解时间也由重铬酸钾法的 120min 缩短到 15min，适合大批量样品的测定。氯气校准法适用于氯离子浓度大于 1000mg/L、小于 20000mg/L 的高氯废水 COD 测定。

（3）五日生化需氧量（$BOD_5$）测定。测定生化需氧量的方法有稀释与接种法、微生物传感器快速测定法等。稀释与接种法适用于地表水、生活污水和工业废水中生化需氧量的测定。微生物电极是一种将微生物与电化学检测技术相结合的传感器，该技术适用于测定含多种易降解废水中的生化需氧量。

（4）油类测定。测定水中油类物质的方法有重量法、红外分光光度法、非色散红外吸收法等。重量法不受油类品种的限制，是常用的方法，但操作烦琐，灵敏度低；红外分光光度法也不受石油类品质影响，测定结果能很好地反映水被石油类污染的状况，已成为国家标准方法。

（5）氨氮（$NH_3$-N）测定。氨氮的测定方法有多种，包括纳式试剂分光光度法、连续流动—水杨酸分光光度法、蒸馏—中和滴定法等方法。其中前两种分光光度法灵敏度高、稳定性好，但易受到水样中其他杂质的影响，需作相应的预处理。蒸馏—中和滴定法用于氨氮含量较高的水样。

（6）总磷测定。总磷的测定前一般需要用过硫酸钾或硝酸—高氯酸钾对水样进行消解，将各形态的磷转变为溶解性正磷酸盐后进行测定。溶解性正磷酸盐的测定方法有钼酸铵分光光度法、流动注射—钼酸铵分光光度法、离子色谱法等。

（7）氟化物测定。测定水中氟化物的方法有离子色谱法、氟离子选择电极法、氟试剂分光光度法等，离子色谱法被国内外普遍应用，方法简便、测定快速、干扰小；氟离子选择电极法的选择性好、适用浓度范围宽，可测定浑浊、有颜色的水样。

（8）硫化物测定。测定水中硫化物的方法有亚甲基蓝分光光度法、碘量法、气相分子吸收光谱法等。水样有色、含悬浮物、某些还原性物质（如亚硫酸盐、硫代硫酸钠等）及溶解性有机物均对碘量法和分光光度法测定有干扰，需进行预处理。常用的预处理方法有乙酸锌沉淀—过滤法、酸化—吹气法或过滤—酸化—吹气法，视水样具体状况选择。

（9）悬浮物测定。悬浮物测定方法主要是重量法，该方法大致步骤如下：先取一片微孔滤膜，在 103～105℃的条件下进行烘干，冷却后称其重量 $m_1$（g），之后使用烘干后的滤膜过滤一定体积为 $V$（mL）的待测水样，待过滤完成后将滤膜同滤渣在 103～105℃的条件下烘干，同样冷却后称其重量 $m_2$（g），最后通过公式计算悬浮物的含量 $C$（mg/L），即

$$C=\frac{(m_1-m_2)\times 10^6}{V}$$

（10）重金属测定。对不同种类的重金属的特性，测定方法可能存在一定的差异。常用的测定方法包括原子吸收光谱法、电感耦合等离子体原子发射光谱法等。

（11）全盐量测定。全盐量是指可通过孔径 0.45μm 的滤膜或滤器，

并于105±2℃烘干至恒重的残渣重量（若有机物过多，应采用过氧化氢处理）。该方法的注意事项有两次称量的重量不超过0.5mg；全盐量大于2000mg/L需稀释水样。

2. 水样采集、运输及保存

水质检测结果的能否正确反映变电站外排水污染物浓度，除了选择合适的污染物指标测定方法外，对于水样的采集、运输及保存均具有一定的要求，具体可参考《水质采样 样品的保存和管理技术规定》（HJ 493—2009）。

（1）样品采集。采样包含采样的时间、地点和频数3个方面。为了采集到有代表性的废水样品，采样前应了解污染源的排放规律和废水中污染物浓度的时空变化。目前变电站的采样点主要是雨水总排口和污水井的排放沟渠。采样的位置应在采样断面的中心，在水深大于1m时，应在表层下1/4深度处采样，水深小于或等于1m时，在水深的1/2处采样。针对存在多个排放口的变电站，需将几个排污口的水样按比例混合，用以代表瞬时综合排污浓度。

水样采集后，往往根据不同的分析要求，分装成数份，并分别加入保存剂，对每一份样品都应附一张完整的水样标签。水样标签应事先设计打印，内容一般包括采样目的、项目唯一性编号、监测点的数目和位置、采样时间、日期、采样人员、保存剂的加入量等。标签应用不褪色的墨水填写，并牢固地粘贴于盛装水样的容器外壁上。对于未知的特殊水样以及危险或潜在危险物质如酸，应用记号标出，并将现场水样情况作详细描述。

对需要现场测试的项目，如pH、电导率、温度、流量等，应进行记录，并妥善保管现场记录。

（2）样品保存。各种水质的水样，从采集到分析这段时间内，由于物理的、化学的、生物的作用会发生不同程度的变化，这些变化使得进行分析时的样品已不再是采样时的样品，为了使这种变化降低到最小的程度，尽可能减少水样运输时间，同时采取如下措施：①盛水容器应做好标记并妥善包装，特别是采样瓶颈部和瓶塞，在冷藏（需要时节）或保温（冬季）运输过程不应破损或损失；②为避免盛水容器在运输过程中因震动、碰撞而损坏，最好将采样瓶装箱，并采用泡沫塑料减震和防止碰撞。

储存水样的容器要求材料化学稳定性好，常常用聚乙烯塑料容器储存测定金属和其他无机物的水样，硬质玻璃（即硼硅玻璃）容器用作测定有机物分析项目的储水器。储存水样要用细口容器，且必须配塞。为了减缓运输过程中水样发生的物理、化学和生物作用，必须在采样时对样品加以保护。基本原则是：①减缓水样的生物作用；②减缓化合物的水解及氧化还原作用；③减少组分的挥发和吸附损失。目前较普遍采用的水样保存方法有冷藏、冷冻和加入固定剂或保存剂（控制 pH 值或加入化学试剂等）。

（3）样品运输。水样采集后必须立即送回实验室，根据采样点的地理位置和每个项目分析前最长可保存时间，选用适当的运输方式，在现场工作开始之前，就要安排好水样的运输工作，以防延误。

水样运输前应将容器的外（内）盖盖紧。装箱时应用泡沫塑料等分隔，以防破损。同一采样点的样品应装在同一包装箱内，如需分装在两个或几个箱子中时，则需在每个箱内放入相同的现场采样记录表。运输前应检查现场记录上的所有水样是否全部装箱。要用醒目色彩在包装箱顶部和侧面标上“切勿倒置”的标记。

每个水样瓶均须贴上标签，内容有采样点位编号、采样日期和时间、测定项目、保存方法，并写明用何种保存剂。

装有水样的容器必须加以妥善的保存和密封，并装在包装箱内固定，以防在运输途中破损。

3. 质量控制

在样品的分析检测过程中，要得到和处理许多数据，并且这些数据往往并非一目了然，必须对所得到的实验数据作科学整理和分析，尽可能充分和正确从中提取可靠的认识和判断依据。一般一个样品平行测定两次，若两次结果之差不超过公差的两倍，则取平均值报告分析结果；如超过两倍公差，则需再补作一份，取两个差值小于两倍公差的数据，以其平均值报告分析结果。在要求准确度较高的分析结果中，要做多次平行测定，可用标准偏差报告结果。有时还需指出测量值所在的范围及测量值落在此范围的概率，借以说明测量值的可靠程度。

## 第三节 电网环境影响因子防治技术

### 一、电磁环境影响防治

为实现输变电工程电磁环境有效控制与达标排放，需采取防治措施降低电磁环境的影响，主要从选址选线、线路架设方式、增设屏蔽、金属附件、个人防护与警示等方面进行控制。

1. 选址选线

加大场源与公众的间距，在防止和减少工频电磁场影响方面起着关键作用。输变电工程选址选线尽量避让生态敏感区，500kV 及以上输电线路不允许跨越有人居住的民房。其中，敏感区是指具有以下特征的区域。

（1）需特殊保护地区。国家法律、法规、行政规章及规划确定或经县级以上人民政府批准的需要特殊保护的地区，如饮用水水源保护区、水土流失重点防治区、森林公园、地质公园、世界遗产地、国家重点文物保护单位、历史文化保护地等。

（2）生态敏感与脆弱区。包括沙尘暴源区、荒漠中的绿洲、严重缺水地区、珍稀动植物栖息地或特殊生态系统、天然林、热带雨林、红树林、珊瑚礁、鱼虾产卵场、重要湿地和天然渔场等。

（3）社会关注区。包括人口密集区、文教区、党政机关集中的办公地点、疗养地、医院等，以及具有历史、文化、科学、民族意义的保护地等。

2. 线路架设方式

可通过选择合理的线路架设方式来降低地面的电场、磁场水平，比如提高输电线路对地高度、采用同杆多回架设、逆相序导线排列、调整输电线路走向等方式，对居民区进行合理避让。

3. 增设屏蔽

利用电场可被屏蔽的特性，可通过增设屏蔽线、同杆架设多回不同电压线路以及种植适宜的植物来屏蔽部分工频电场。

4. 金属附件

合理设计绝缘子、吊夹、均压环、垫片和接头等金属附件外形尺寸，避免出现高电位梯度点；加工设备金属附件时挫圆边角，避免存在尖角和凸出物，金属附件上的保护电镀层应尽量光滑，从而减少电晕、火花放电现象；安装高压设备时要确保固定螺栓、接头等接触良好，避免因接触不良产生火花放电。

5. 个体防护和警示标识

进入高水平工频电磁场的作业环境中，工作人员应通过运用防护服、接地措施或其他顾及环境电场效应的工作技巧来控制可能产生的火花放电，减少间接电刺激。在高水平工频电磁场区域或设备的醒目位置，应设置警示标识和中文警示说明。警示说明应当载明可能产生的危害和安全注意事项等内容。

## 二、声环境影响防治

为应对环境保护的要求及实现电网环境噪声的有效控制与达标排放，通常从施工期噪声、变电站（换流站）噪声、架空输电线路噪声3方面进行防治。

1. 电网建设施工期噪声防治

电网建设施工期噪声防治措施主要如下。

（1）改善施工工艺。尽可能选择低噪声、低振动的机械设备，并定期进行机械设备的保养和维护。

（2）合理安排施工活动与施工时间。尽可能避免强噪声工程机械在同一区域内使用，尽可能减少夜间作业，尽可能最大限度地缩短工期，减少施工噪声影响的时间。

（3）合理选址与距离防护。工程车辆出入地点、混凝土拌合站等选址时，应尽量避免噪声对声环境敏感区的影响；工程车辆经过声环境敏感区路段时，应低速行驶、禁鸣；在施工场地周围有声环境敏感区的地方设立临时声屏障，最大限度地增大噪声衰减。

2. 变电站（换流站）噪声防治

变电站（换流站）噪声防治贯穿于变电站（换流站）规划设计与运行阶段，基于技术经济的因素，从站址选择、平面布置与布局优化、设备选用和降噪措施运用等方面进行。

（1）变电站（换流站）站址选择。变电站（换流站）站址选择，需要综合考虑自然因素、社会因素、经济因素和技术因素等各个方面。如果存在有多个可供选择的站址，尽量考虑布局在声环境质量要求较低的区域，避开居民住宅区、医院和学校等声环境敏感区，避免变电站（换流站）噪声对居民生活与工作的影响。

（2）变电站（换流站）平面布置与布局优化。变电站（换流站）平面布置与布局优化是噪声防治的最经济措施。基于变电站（换流站）主要设备噪声水平和厂界噪声衰减预测以及声环境敏感区域的位置，对变电站（换流站）设备布置、建筑结构和总体布局进行优化调整，以减小变电站（换流站）噪声对厂界环境的影响，具体的措施有：将变压器和电抗器等主要噪声源设备布置在站址中央区域或远离厂界声环境敏感目标区域；利用建筑物的屏蔽作用，将控制楼等高大建筑物布置在主要噪声源设备与厂界声环境敏感区域之间；将风机等通风散热系统布置在远离声环境敏感区域一侧或变电站（换流站）楼顶；如果变电站（换流站）不同方位执行的声环境功能区类别不同，将主要噪声源设备布置在对声环境要求较低的区域。

（3）变电站（换流站）设备选用。变电站（换流站）设备选用的合理化能够直接控制噪声源，是噪声防治的根本性措施。基于变电站（换流站）设备与建筑布局以及声环境功能区要求，通过噪声衰减预测手段，确定设备噪声水平的控制范围。在技术和经济因素允许条件下，尽量选用低噪声水平设备；同时，采用自然通风方式以减少通风风机数量，必要时选用自冷式设备；通风散热设备（如，风机）的控制方式优先考虑温控启停的方式。此外，在变压器和电抗器的设计及制造过程中，选择优质晶粒取向的冷轧硅钢片材料，采用斜接缝叠装式铁心结构，并在铁心制造工艺上保持铁心片平整以及适当的铁心夹紧。

（4）变电站（换流站）降噪措施。变电站（换流站）降噪措施主要是控制噪声传播途径，以减小噪声对厂界环境的影响。噪声传播途径控制主要是采取隔声、吸声、消声和隔振技术，实现噪声强度在传播过程中得到衰减，满足厂界环境噪声限值。

1）隔声技术。隔声技术是通过材料、构件或结构等隔绝空气传播噪声的途径，实现噪声强度的降低。基于设备散热和设备安全的综合考虑，在变压器、电抗器和通风散热系统等主要噪声源设备的噪声传播途径上设置隔声装置（如声屏障和隔声罩等），降低厂界环境噪声水平。进一步，根据噪声衰减预测分析，确定合适的隔声装置设计和隔声装置安装位置。

声屏障是一种专门设计的立于噪声源和受声点之间的声学障板，通常是针对某一特定声源和特定保护位置（或区域）设计的。变电站（换流站）声屏障一般采用砖混结构或钢板结构，可单独设置在噪声源附近或结合厂界围墙设置。声屏障的插入损失（降噪量）取决于声波在声屏障上的透射、绕射和反射情况，与声源噪声频率、声屏障高度及声源与接收点间的距离等因素有关，一般可以达到5～15dB（A）。

隔声罩是用来阻隔设备向外辐射噪声的罩体，具有较好的隔音效果，可以和设备外壳结合在一起或独立设置。同时，变电站（换流站）噪声源运行产生热量，隔声罩需要设置具有消声效果的通风散热装置。隔声罩的隔声量取决于隔声材料和通风散热装置的组合效果，一般可以达到15～25dB（A）。

2）隔振技术。隔振技术是利用弹性支撑来减弱因设备本身扰力作用引起的设备支撑结构或地基的振动，实现噪声强度的降低。在变压器和电抗器的器身与箱底之间加装缓冲隔振装置，减少铁心的振动向其他器件的传递；对变压器和电抗器等主要噪声源设备进行隔振后，能够降低设备运行产生的振动和固体噪声，减弱设备噪声对厂界环境的影响。隔振装置能够抑制低频振动噪声，降噪量一般约为1～5dB（A）。

3）消声技术。消声技术是基于声能转换或声能转移等原理，利用具有吸声内衬或特殊结构形式的气流管道，实现噪声强度的降低。在风机等通风散热系统的通风管路上安装消声装置（消声器），抑制空气动力性噪声水平，减弱噪声对厂界环境的影响。根据噪声衰减预测分析，确定合理的消声装置降噪量；一般地，消声装置降噪量可达到大于10dB（A）。

4）吸声技术。吸声技术是利用声波通过媒质或入射到媒质分界面上时声能的减少，实现噪声强度的降低。在变压器、电抗器和通风散热系统等主要噪声源设备的噪声传播途径上铺设吸声材料，增大设备噪声的衰减量，减弱设备噪声对厂界环境的影响。隔声罩内附加吸声材料，使其成为具有多种降噪功能的综合体。进一步，根据噪声衰减预测分析，确定合适的吸声材料以及铺设位置和铺设面积；一般地，吸声装置降噪量可到达3～8dB（A）。

5）降噪新技术。变电站（换流站）降噪新技术不仅可以达到较高的降噪量，而且利于设计与控制，已经得到广泛的研究与应用，主要包括声调控法、有源消声法和视觉调整技术。声调控法指改变噪声的频谱结构（如叠加风声、水流声等），改善噪声对人体的主观影响；有源消声法是通过在噪声源周围设置多个噪声发生器，噪声发生器发出的声音与噪声源发出的声音相互抵消，使噪声强度得到一定的抑制或衰减；视觉调整技术是通过一定的方式（如使噪声源不可见、增加绿化等），从视觉上改善人体对噪声主观烦恼度。

3. 架空输电线路噪声防治

架空输电线路噪声防治主要是从声源控制和传播途径衰减两方面来降低电晕可听噪声。

（1）声源控制。在声源控制方面，可采取一系列方式降低输电线路导线的表面场强，从而减小导线周边空气电晕范围，降低线路电晕可听噪声。具体控制方式表现为：适当增加输电线路导线的分裂数和增大分裂导线间的间距，有效地降低输电线路周边合成场强和电晕强度，控制线路电晕可听噪声声级；采用子导线非对称分裂方式，可使每相子导线分配的电荷均匀，降低线路导线表面电场，从而减小电晕可听噪声水平；在输电线路导线束中增加子导线，减小导线表面的平均电荷密度，从而降低线路表面电场强度和电晕强度，减小电晕可听噪声水平；改变导线结构，采用外层梯形或 Z 形结构导线，降低表面毛刺密度，保持导线表面平滑度，从而有效地降低尖端电晕放电效应，降低线路电晕损耗和电晕可听噪声水平；在导线上进行兼顾导线散热和老化寿命的亲水涂料涂覆处理，提升输电线路表面的亲水性，使导线在大雾、毛毛雨和雨停后附着在导线表面上的水分吸收到线股之间均匀分布而不易形成水滴，减小水滴沿导线随机分布的电晕源点，降低输电线路表面水滴分布密度，从而减小线路导线电晕放电，降低电晕可听噪声水平。

（2）传播途径控制。在传播途径衰减方面，控制措施表现为：提升输电线路杆塔高度，增大架空输电线路与噪声受体的距离，从而增大线路电晕可听噪声在空气中的传播衰减；在噪声影响重点保护受体处配置吸声与隔声材料，强化线路电晕可听噪声的衰减和耗散。

## 三、水环境影响防治

水环境影响防治技术是指降低或消除人类生产生活对于外界水环境的污染。按照水处理方法类型，主要可分为物理法、化学法、物理化学法及生物法。通常处理电网废水一般选用生物法，如活性污泥法、生物膜法、人工湿地等。但也有一些新兴的污水处理技术正在开始使用，比如电催化技术、膜分离技术、微生物滤池技术等。

### 1. 活性污泥法

活性污泥法及其衍生工艺是目前城市污水处理使用最广泛的方法。活性污泥是黄褐色絮绒状颗粒，其中存在大量的细菌，其主要功能是降解有机物，是有机物净化功能的中心。常见的处理工艺有 A/O 工艺和 A2O 工艺，A/O 技术流程简单，操作方便，但能耗高，污泥多，总氮去除率较低。A2O 工艺污染物去除效率高，运行稳定，能够同时去除多种污染物，但对氮磷的去除效率不是很高。

### 2. 生物膜法

生物膜反应器又称 MBR 工艺，是一种由膜分离单元和生物处理单元相结合的水处理技术。生物接触氧化法是目前变电站内使用较为广泛的一种生物膜法。填料也就是膜分离单元，是生物接触氧化池的重要组成部分，它直接影响污水的处理效果。由于填料是产生生物膜的固体介质，所以对填料的性能有如下要求：要求比表面积大、空隙率高、水流阻力小、流速均匀；表面粗糙、增加生物膜的附着性，并要外观形状、尺寸均一；化学与生物稳定性较强，经久耐用，有一定的强度；要就近取材，降低造价，便于运输。目前，生物接触氧化池中常用的填料有蜂窝状填料、波纹板状填料及软性与半软性填料等。生物膜工艺的特点是操作简单，占地面积少，出水水质稳定，但是能耗大，膜造价高并易出现污染，难以管理。

3. 人工湿地

人工湿地是通过人工模拟自然湿地的结构和功能而设计和建造的湿地。人工湿地主要由基质、植物、微生物等组成，通过三者之间协同作用（包括过滤、吸附、沉淀、离子交换、植物吸收及微生物分解等）处理污水。研究表明，在进水浓度较低的情况下，人工湿地对 $BOD_5$ 的去除率可达 85%～95%，对 COD 的去除率可大于 80%。人工湿地以其去污效果好、建造运营成本低廉、操作与管理简便等优点，越来越多地被用于变电站内生活污水的处理。但是人工湿地占地面积大，易受病虫害影响。

固定生物床—多介质人工湿地技术是人工湿地的一个新兴衍生技术，该技术利用固定化生物床反应器富集的高效功能菌在间歇式曝气条件下将污水中的有机物、氨氮等污染物进行高效生物降解；反应器出水经消毒后进入人工湿地系统，通过多介质过滤层和微生物对总磷、COD、SS 等进行深度处理，实现污水中的总氮、总磷进一步脱除；并且该技术还采用了智能化运行、紫外消毒的方式保障出水水质。

4. 膜分离技术

膜分离技术是指在电位差、压力差或浓度差推动力作用下，利用特定膜的透过性能，分离水中离子、分子和固体微粒的处理方法。在水处理中，通常采用电位差和压力差两种。利用电位差的膜分离法有电渗析法；利用压力差的膜分离法有微滤、超滤、纳滤和反渗透法。该技术无化学反应，选择性好，适应性强，适用于盐总量超标的冷却废水，但膜价格较高。

5. 电催化技术

电催化技术是借助具有电活性阳极材料直接或间接的氧化作用，使有机污染物、氨氮发生分解转化为无毒性物质。该技术能够无选择地降解废水中的污染物，克服微生物技术存在的稳定性问题，即开即用，实现了环境友好、绿色低碳的目标。但该技术成本较高，水处理效率低。

6. 微生物滤池

微生物滤池技术采用固定化微生物技术，选用高效复合微生物菌剂，将功能微生物固定于多孔载体表面和孔道内部形成稳定的生物膜；污水流经载体时在微生物的作用下，污染物得以高效去除。该技术对氨氮、COD、SS、总氮、总磷的去除效果突出，出水清澈透明；温度适应范围广（5～50℃）；载体比表面积大于 $100m^2/g$，孔隙率大于98%，传质性能好；生物亲和性好，载体表面能与微生物细胞膜表面的特定基团进行化学结合。

## 四、水土流失防治

水土流失防治责任范围是指生产建设单位依法应承担水土流失防治义务的区域，包括项目征地、占地、使用及管辖的土地等。按照谁破坏、谁治理的原则，项目防治责任范围内除正在扰动的施工作业面外，均应及时采取水土流失防治措施。水土流失防治措施主要包括工程措施、植物措施和临时防护措施。

1. 工程措施

输变电工程常见的水土保持工程措施有挡渣墙、护坡工程、截（排）水沟、土地整治、表土剥离及堆存和沙障工程等。

（1）挡渣墙。挡渣墙属于弃渣场的拦渣工程，可以有效地控制水土流失。通常在弃土、弃石、弃渣等堆置物易发生滑塌，或堆置在坡顶及斜坡面时修建挡渣墙。挡渣墙一般布置在原地形斜坡面或坡顶位置弃渣的渣场坡脚，轴线平面走向宜顺直，转折处应采用平滑曲线连接。挡渣墙型式多样，分为重力式、半重力式、衡重式、悬臂式等，可根据弃渣堆置型式、地形、地质、降水与汇水条件、建筑材料来源等选择。挡渣墙基底埋置深度根据地形、地质、结构稳定和地基整体稳定等条件确定。此外，挡渣墙必须对抗滑、抗倾覆、地基承载力进行稳定性分析，并在每隔10～15m应设置变形缝。

（2）护坡工程。边坡防护措施是为了稳定主体工程边坡，主要护坡措施有植物护坡、工程护坡、工程和植物相结合的综合护坡。对降水条件许可的低缓边坡，应布设植物护坡措施；干旱区不宜布设植物措施或坡脚容易遭受水流冲刷的边坡，应布设工程护坡措施；对降水条件许可的高（或陡）边坡，应布设工程和植物相结合的综合护坡措施。护坡工程设计时，应初步确定工程护坡、植物护坡、工程和植物综合护坡的位置、结构（植物配置）、断面形式和措施面积。

（3）截（排）水沟。截（排）水沟包括截水沟和排水沟。截水沟是指在坡面上修筑的拦截、疏导坡面径流，是具有一定比降的沟槽工程。排水沟是指用于排除地面、沟道或地下多余水量的沟。

1）截水沟一般布设在山区、丘陵区的变电站区和输电线路塔基处。变电站区截水沟一般布设在站址区上游来水汇集处，排水沟一般布设在下游排水区域或作为截水沟的顺接工程，具体布设位置根据地形图确定。输电线路塔基处截水沟一般布设在塔基上游来水汇集处，一般距离线路塔基约2～3m；排水沟一般布设在下游排水区域或作为截水沟的顺接工程，一般距离线路塔基约2～3m。

2）排水沟一般布设在坡面截水沟的两端或者较低一端，用以排除截水沟不能容纳的径流。排水沟在坡面上的比降根据其排水去处的位置而定，当排水出口位置在坡脚时，排水沟大致与坡面等高线正交布设；当排水去处的位置在坡面时，排水沟可基本沿等高线斜交布设。

3）截（排）水沟出口处可直接接入已有排水沟（渠）内，没有顺接条件的，需与天然沟道进行顺接，顺接部位布设块石防护或修建消力池。截（排）水沟的设计需根据《生产建设项目水土保持技术标准》(GB 50433—2018)和《水利水电工程等级划分及洪水标准》(SL 252—2017)进行计算。

(4)土地整治。土地整治是控制水土流失、改善土地生产力、恢复植被的基础工作。在土地整治前应首先确定土地的用途，根据土地的用途采用适宜的土地整治措施。土地整治包括基建开挖阶段和土地整治阶段。基坑开挖时应将表层的熟土和下部的生土分开堆放；土地整治时，应将熟土覆盖在表层，根据原土地类型，尽量恢复其原来的土地功能(农田)或恢复植被。电网建设全过程的土地整治包括变电站站区的土地整治；进站道路区的土地整治；站外供排水管线区的土地整治；线路塔基区的土地整治；施工道路区、牵张场地及拆迁场地区的土地整治。

1)变电站站区的土地整治。变电站区除构筑物占地之外的空闲地及从工程安全运行角度考虑进行的防护措施外的裸露面，土地利用方向一般确定为恢复植被。施工结束后需对裸露地表采取全面整地，整地结束后进行植被恢复，在满足水土流失防治要求的同时美化环境。

2)进站道路区的土地整治。施工结束后，对进站道路两侧待绿化区、力能引接区进行土地整治，为绿化美化做好准备。

3)站外供排水管线区的土地整治。特高压工程结束后，对站外供排水管线区的临时建筑应及时拆除，并恢复原迹地类型。

4)线路塔基区的土地整治。输电线路塔基区占地分散，局部扰动较小，但扰动较为剧烈，需进行局部整地。整地一般采取因势利导的方式，尤其采取高低腿的塔基应就坡随坡，尽量减少再次扰动。整地结束后进行植被恢复。

5)施工道路区、牵张场地及拆迁场地区的土地整治。特高压工程结束后，对施工道路区、牵张场地及拆迁场地区应恢复原迹地功能。对山坡地施工道路，应清理垃圾、平整、削坡，根据林草种植要求覆土、整地；平原耕地区的施工道路，应清除垃圾、翻松，根据农作物种植要求整地。对拆迁场地区，应清除垃圾、翻松土地，根据林草和作物种植要求覆土、整地。

（5）表土剥离及堆存。表土剥离指将建设用地或露天开采用地（包括临时性或永久性用地）所涉及的适合耕种的表层土壤剥离出来，用于原地或异地土地复垦、土壤改良、造地及其他用途的剥离、存放、搬运、耕层构造与检测等一系列相关技术。

1）表土剥离及堆存可以有效保护地表熟土资源不流失、不浪费；减少复垦造地时外调土产生的额外资金投入；剥离的表土进行造地复垦，土壤肥力充足，作物产量高；减少造地外调土的熟化费用和时间，增效显著；还保证了建设使用土地面积。

2）表土剥离及堆存应根据施工扰动范围内土层结构、土地利用现状和施工方法，应剥尽剥；剥离的表土应集中存放，并采取临时拦挡、苫盖、排水等防护措施；剥离的表土用于复耕、植被恢复，也可用于其他区域的土地整治；高草甸地区，应对表层草甸进行剥离采取专门养护措施，施工结束后回铺利用。

3）表土剥离及堆存在设计时，应参考工程征占地范围内的土地利用资料、地形图；应明确征占地范围内的土壤及分布情况；应满足复耕或植被恢复措施所需覆土厚度的资料；应收集其他可能利用表土的情况及相关资料。

（6）沙障工程。沙障工程主要是用柴草、秸秆、黏土、树枝、板条、卵石等物料在沙面上做成障蔽物，达到消减风速、固定沙表的目的。一般在易受风沙危害的输变电工程区域应布设防风固沙措施；防风固沙措施主要包括沙障及其配套固沙植物、砾石或碎石压盖等。沙障工程根据沙障和砾石或碎石压盖形式、位置、数量以及配套植物的品种、数量、面积进行设计。在流动沙丘和半固定沙丘地区，应因地制宜采取植物固沙、机械固沙、化学固沙等措施，在戈壁风蚀区宜采取砾石压盖措施。

2. 植物措施

输变电工程常见的水土保持植物措施有植物护坡、种草植被恢复、草坪建植和绿篱等。

（1）植物护坡。植物护坡是利用植被涵水固土的原理稳定岩土边坡，同时美化生态环境的一种技术。同时植物护坡可以降低坡底孔隙水压力，截留降雨，削弱溅蚀、冲蚀，控制地表径流，控制水土流失。目前常用的植物护坡方法有人工种植、平铺草皮护坡；植生带（袋）护坡；浆砌片石骨架植草护坡、喷播植草等。

1）人工种植、平铺草皮护坡是通过人工在边坡面铺设天然草皮的一种传统边坡植物防护措施，具有施工简单、工程造价较低等特点。人工种植、平铺草皮护坡适用于附近草皮来源较易、边坡高度不高且坡度较缓的各种土质及严重风化的岩层和成岩作用差的软岩层边坡防护工程，是设计应用最多的传统坡面植物防护措施之一。

2）植生带（袋）技术包括植生带技术和植生袋技术，有草坪种子植生带、绿网种子植生带、肥料胎植生带、稻草帘植生带等。植生带是将种子通过针刺或胶水等形式粘附固定在无纺布或纸上，还可与结合其他成卷的绿网、稻草帘等结合，具有施工简便的特点，在平整坡面上直接铺设、固定即可；植生袋是用植生带缝合而成的可以盛土或基质的袋状结构，可以用在任意坡度和质地的坡面上，不受地形限制，对机械等要求低。

3）浆砌片石骨架植草护坡是指采用浆砌片石在坡面形成骨架，并结合撒草种、铺草皮、土工网、喷播植草、栽植苗木等方法形成的一种生态护坡技术。根据骨架形状的不同，浆砌片石骨架可以分为拱形、方格形、人字形等。

（2）种草植被恢复。撒播种草是特高压工程中最重要、也是最常见的植被恢复措施。撒播种草适用于特高压工程的各种分区。草坪播种常用的具体方法有撒播、条播、点播、纵横式播种及回纹式播种。草坪草种播种首先要求种子均匀地覆盖在坪床上，其次是使种子掺合到1～1.5cm的土层中去。大面积播种可利用播种机，小面积则常采用手播。此外，也可采用水力播种，即借助水力播种机将种子喷至草坪床上，是远距离播种和陡坡绿化的有效手段。撒播草种施工工序为施工准备→草种选购→机械喷播→覆盖无纺布→浇水及施肥→管理与养护。

（3）草坪建植。草坪建植是综合运用栽培技术建立人工草坪的一种植物措施。草坪建植的技术要点主要包括建植时间的选择、草种的选择、坪床处理及播种等方面。

1）建植时间的选择。由于不同类型的草坪草种适宜的生长温度有所不同，因而建植时间的选择也有所区别。冷季型草坪草种适宜的生长温度为15～25℃，因此冷季型草坪的建植多选择早春和秋季。暖季型草坪种适宜生长温度为25～35℃，暖季型草坪的建植主要以夏季为主。

2）草种的选择。在草种选择及混配比例方面，应选择适宜当地气候土壤条件的草坪草种是成功建坪的重要前提。由于几种草种混合播种，可以适应差异较大的环境条件，形成优势互补，因此混合播种是目前建植草坪所普遍采用的方式。不同地区、同一地区不同用途的草坪混配选择及比例有所不同。而且管理条件的好坏，其混播比例亦有所不同。

3）坪床处理。坪床处理是建坪的重要步骤，主要包括土壤清理、翻耕、平整，改良、施肥及排水灌溉系统的安装等相关工作。

4）播种。草坪播种主要以撒播为主，播种量因品种及播种时间不同略有区别。混播草种的方法有两种：①同一种中不同品种混播可采用先将草种混合均匀，然后进行播种；②不同种间草种混播，如果种间种子大小相差不多，可采用先混后播的方法，如果种间种子大小相差较大，可按混播比例进行单独播种。

（4）乔灌草。乔灌草组合配置，是以乔木为主，灌木填补林下空间，地面栽花种草的种植模式，垂直面上形成乔灌草空间互补和重叠的效果。

3. 临时防护措施

输变电工程常见的水土保持临时防护措施包括临时拦挡措施、临时排水措施、临时苫盖措施及临时植物防护措施等。

（1）临时拦挡措施。临时拦挡适用于输变电工程施工期间临时堆土（石、渣、料）、施工边坡坡脚的临时拦挡防护，多用于土方的临时拦挡。剥离表土、临时堆土、临时物料堆放、临时弃渣区等周边应采取临时拦挡措施，大风及暴雨天气时用土工布、防雨布、塑料布、抑尘网覆盖。根据渣体的规模、地面坡度、降雨等情况，确定临时拦挡工程的规模。临时拦挡措施一般采用编织袋（草袋）装土进行挡护，其填料一般就近取用工程防护的土（石、渣、料）或工程自身开挖的土石料，施工后期拆除编织袋（草袋）。编织袋（草袋）装土布设于堆场周边、施工边坡的下侧，其断面形式和堆高在满足自身稳定的基础上根据堆体形态及地面坡度确定。一般采取“品”字形紧密排列的堆砌护坡方式，挡护基坑挖土，避免坡下出现不均匀沉陷，铺设厚度一般为0.4～0.6m，坡度不应陡于1∶1.2～1∶1.5，高度宜控制在2m以下。编织袋（草袋）填土交错垒叠，袋内填充物不宜过满，一般装至编织袋（草袋）容量的70%～80%为宜。同时，对于水蚀严重的区域，在“品”字形编织袋、草袋挡墙的外侧需布设临时排水设施，风蚀区则不考虑。

（2）临时排水措施。临时排水措施是排水工程尚未真正开展，而需设立的临时排水设施。临时排水措施在站区场地平整结束后，为保护站区不受雨水影响，一般沿站区围墙内周边布设临时排水沟，临时排水沟末端设置沉沙池缓流沉沙。为避免重复施工，临时排水沟结合永久排水系统布设和开挖，临时排水沟利用永久排水先行开挖的土质沟槽，内壁采用砂浆抹面。同时，为了减少水土流失对站区周边排水系统造成不利影响，在临时排水沟末端应设置沉沙池缓流沉沙。沉沙池布设在临时排水沟出口处，沉沙池出水口与站区周边道路排水或已有排水系统相接。在施工期间，应定期清除临时排水沟和沉沙池的沉积物，以防淤塞。

（3）临时苫盖措施。输变电工程空闲地表及管线、基础等开挖临时堆土，在施工期遇雨水易造成局部水土流失，因此施工期对空闲地表及堆土表面采取土工布覆盖，以减弱降雨对堆土的侵蚀，减少水土流失，土工布可重复利用。

（4）临时植物防护措施。临时植物防护措施主要包括植树、种草、乔灌草结合或种植农作物等形式。临时植物防护措施不仅成本低廉、配置简便、宜农则农、宜林则林、宜草则草、时间可长可短，而且防护效果好、经济效益高、使用范围广。临时植物防护措施在设计上要充分考虑地形条件、生产工艺、防护要求等。

## 五、固体废物影响防治

### 1. 一般固体废物环境影响防治

电网生产运行过程中产生的废非金属表箱、废绝缘子、水泥电杆等一般固体废物，通常可采用破碎、分离、复合改性等步骤制备成橡胶类高分子产品、隔音板原材料、道路基础铺设原材料等无害化处置和实现资源化利用。既减少了被固体废物堆放浪费的土地资源，又避免了因固体废物处置不当可能对环境造成的污染。

### 2. 危险废物环境影响防治

（1）废矿物油。

1）废矿物油再生技术。含油电气设备正常运行时，通常会受到氧气、高温、高压、金属离子、电场及日光等作用，其内部的变压器油与大气接触吸收溶解氧后会生成醛、酮、羧酸、环烷酸等化合物，引起酸值升高、油泥析出、界面张力降低以及击穿电压、介质损耗因数和体积电阻率不合格等不可避免的油质氧化劣化变质现象。然而这些劣化变质的废变压器油并不是完全无用的废物，其中的氧化劣化变质产物只占很少的一部分，其主体仍为基础油。通过合理的处理工艺将这部分变质产物去除，恢复变压器油原有性能，既可以避免环境污染，又可以实现变废为宝。

通常来说，废变压器油再生处理工艺有以下方法：①净化，即通过除去废油中的水分以及悬浮的机械杂质而进行的简易再生处理，处理步骤包括沉降、离心、过滤及絮凝等；②精制，即在上述净化处理的基础上增加了吸附或化学精制等过程；③炼制，即通过蒸馏等工艺流程生产出质量较高的再生基础油，再经调制成各种油品。上述再生处理工艺中，净化工艺过于简单，再生处理后得到的油品性能不高；炼制工艺产品稳定性好但成本偏高。因此目前国内外废变压器油的再生处理工艺中最经济可行的方法是采用吸附再生法，该方法是利用吸附剂具有较大的活性比表面积而吸附能力优异的特点，在吸附剂与废变压器油充分接触时除去废油中的酸性杂质、不饱和烃和水等有害组分。使用吸附再生法对废油进行净化再生处理的关键在于吸附剂的选择，目前比较常见的变压器油再生介质有活性白土、硅藻土、硅胶、离子树脂等，其中活性白土是以黏土类矿物为原料，经无机酸化处理后再通过漂洗、干燥而制成的具备很强吸附能力的廉价吸附剂，由于其廉价高效，越来越受到青睐。

2）含油污水处理技术。根据处理机制的不同，现有含油污水处理方法大致可分为化学处理法、生物降解法及物理分离法。化学处理法主要是指通过焚烧、化学氧化、分散剂、絮凝剂等手段改变油类存在形态而实现的含油污水处理方法；生物降解法主要是通过在油水混合物中添加能够降解油类的微生物实现水体净化；物理分离法是指通过物理手段，在不改变油或水的存在形式的前提下实现油水分离的一类方法，其物理手段包括重力沉降、离心技术、撇油器、围油栏、膜分离、物理吸附等。其中，物理分离法可在处理含油污水的同时实现油水资源的回收再利用，对环境的二次污染少，因此在含油污水处理中使用较为广泛。

3）变电站事故排油系统（废矿物油防治措施）。变压器等含油设备发生事故时，可能会出现绝缘油泄漏的情况，将会造成环境污染并引发火灾。变电站事故排油系统作为变电站主要环保设施之一，一方面用于变压器事故排油时通过油水分离达到对废油的储存，防止环境污染，另一方面用于防止燃烧、爆炸沿污水管网蔓延扩展，起到防火防爆的作用。

4）废矿物油暂存规范。废矿物油的暂存应符合《危险废物贮存污染控制标准》（GB 18597—2023）、《危险废物收集、贮存、运输技术规范》（HJ 2025—2012）、《废矿物油回收利用污染控制技术规范》（HJ 607—2011）等相关规定，暂存场所应相对独立，地面应作防渗处理，采取收集和导流措施防止泄漏。

（2）废铅蓄电池。

1）废铅蓄电池修复技术。铅蓄电池在运行过程中，受放电深度、使用环境等因素影响，其性能会不断下降。一般来说，深循环使用的铅蓄电池，使用年限为5～8年，而对于经常处于浮充状态下使用的蓄电池，电池的使用年限可达10～15年。但是在实际应用中，如果电池的使用和维护不当，蓄电池寿命往往相对较短，如变电站用阀控式铅蓄电池的实际使用寿命年限为 3～6 年，这种情况的出现，是对资源的一种巨大浪费。电池劣化主要表现为内阻增加、容量下降、电池内部失水、电池板栅腐蚀、硫酸盐化、活性物质脱落等情况。其中，因失水、硫酸盐化引起的失效蓄电池可以通过修复技术改善性能。通常，针对电池内部失水问题，采用补充一定比例的蒸馏水来修复；而对于蓄电池硫酸盐化，一般可采用大电流充电修复法，全充全放修复法，添加活性剂法，复合脉冲修复等技术进行修复消除。利用铅蓄电池修复技术，使得部分废铅蓄电池得以再生利用，可减少危险废物的产生及对环境的影响。

2）废铅蓄电池防治措施。针对电网企业废铅蓄电池产生分布点多面广的问题，通常可通过就近租赁依法合规的危废仓库，以委托管理的方式实现危险废物的暂存、转运和管护等专业要求，或通过设置移动式模块化危险废物暂存智能柜实现就地暂存，防止造成环境污染。此外，企业通过制定废铅蓄电池台账管理制度、废铅蓄电池仓库定期巡检制度等手段，辅助进行污染防治。

3）废铅蓄电池暂存规范。废铅蓄电池禁止露天存放，暂存场所应相对独立，环境温度不得超过 45℃。废铅蓄电池不得直接堆放在地面上，应放在专门的电池架或者地面有一定距离的具有绝缘功能的承重板上，并保持一定的通风散热间距。废铅蓄电池暂存场所还应符合《危险废物贮存污染控制标准》（GB 18597—2023）、《危险废物收集、贮存、运输技术规范》（HJ 2025—2012）、《废铅蓄电池处理污染控制技术规范》（HJ 519—2020）等相关规定，地面应作防渗处理，并配有废液收集装置，禁止电池直接叠放。

## 六、六氟化硫气体管控

### 1. 六氟化硫气体回收处理及循环利用

全球每年大约生产出 8500t 六氟化硫气体，其中约有一半以上用于电力工业。据英国广播公司报道，预计到 2030 年，全球六氟化硫交换设备的使用量将增加 75%，由此导致每年外泄的六氟化硫气体数量十分惊人。以欧盟为例，仅 2017 年外泄的六氟化硫气体所带来的温室效应就与 673 万吨二氧化碳气体相当，这也相当于一年新增 130 万辆汽车的碳排放量。为此，合理、规范的使用和管理六氟化硫气体，控制六氟化硫外泄，既是保护环境也是保护人们自己。

为控制六氟化硫气体排放，国家电网公司先后组织开展了电气设备六氟化硫气体回收处理和循环再利用技术研发、试点应用、全面提升等一系列工作，目前已在各省电力公司建立了省级六氟化硫气体回收处理中心，形成了“分散回收、灵活处置、统一检测、循环利用”的工作模式。即六氟化硫气体使用单位按照管辖范围分别回收六氟化硫气体，统一送至省公司六氟化硫气体回收处理中心。省处理中心安排对回收的六氟化硫气体进行集中净化处理或现场净化处理。再由省公司电力科学研究院对净化处理后的六氟化硫气体按照相关规定和统一标准进行检测。之后省处理中心将净化处理后检测合格的六氟化硫气体发放给六氟化硫气体使用单位，回充到六氟化硫电气设备中，实现循环利用。

2. 六氟化硫防护手段

由于六氟化硫是窒息剂，且分解物具有强烈的腐蚀性和毒性，所以在接触运行中的六氟化硫设备或六氟化硫设备解体时，都必须做好安全防护措施。

（1）六氟化硫设备运行中的安全防护。《六氟化硫电气设备运行、试验及检修人员安全防护导则》（DL/T 639—2016）和《六氟化硫电气设备气体监督导则》（DL/T 595—2016）规定如下。

1）六氟化硫设备室应安装六氟化硫气体泄漏监控报警装置，并定期检测空气中的六氟化硫浓度和氧含量。当空气中六氟化硫浓度超过 1000μL/L 或氧含量低于 18%时，仪器应发出警报并进行通风、换气。六氟化硫气体泄漏监控报警装置应每年校验一次。

2）工作人员不应单独和随意进入设备室。进入设备室前，应先通风 15min。

3）工作人员在进入电缆沟或低位区域前，应先通风 15min 后，检测该区域内的氧含量，如发现空气中氧含量低于 18%时，不得进入该区域工作。

4）六氟化硫气体采样、试验或在处理设备气体渗漏故障时，应在通风条件下进行，工作人员应佩戴防护口罩和手套，并站于上风位置。必要时应佩戴防毒面具或正压式呼吸器。

5）存储、使用六氟化硫气体的场所应通风良好，室内场所应有底部强制通风装置和六氟化硫泄漏报警装置，这些装置应定期校验，保证运行正常。

（2）六氟化硫设备检修、解体时的安全防护。《六氟化硫电气设备运行、试验及检修人员安全防护导则》（DL/T 639—2016）和《六氟化硫电气设备气体监督导则》（DL/T 595—2016）规定如下。

1）进行六氟化硫电气设备解体检修的工作人员，应经过专门的安全技术知识培训，设备解体检修时，检修人员应穿戴防护服、防护手套和防毒面具或正压式空气呼吸器，并在安全监护人监督下进行工作，防止出现检修人员中毒。

2）设备检修、解体前，应对气体进行全面分析，确定其有害成分含量，制定安全防护措施。并用六氟化硫回收净化装置回收六氟化硫气体，不得直接向大气排放。

3）解体时，检修人员应穿戴防护服、防护手套和防毒面具或正压式空气呼吸器。设备封盖打开后，应暂时撤离现场并通风 30min 后方可进入工作现场。将吸附剂取出，用吸尘器和毛刷清除粉尘，用汽油或丙酮清洗金属和绝缘零部件。

4）将清理出的吸附剂、金属粉末等物品放入 20％的氢氧化钠水溶液中处理 12h 后，进行深埋处理，深度应大于 0.8m，地点应选在野外边远地区或地下水流向的下游地区。

5）六氟化硫电气设备解体检修车间应密闭、低尘降，并保证有良好的地沟机力引风排气设施，其换气量应保证在 15min 内全车间换气一次，排出口设在底部。

6）工作结束后防毒面具中填料应用 20％的氢氧化钠水溶液浸泡 12h 后，做废弃物处理。

# 第三章　电网环保全过程技术监督

## 第一节　电网环保全过程技术监督定义

### 一、电网技术监督概念

电网技术监督是指依据相关法律、法规和标准，运用有效的检测、试验和抽查等手段，在电网设备全寿命周期的规划可研、工程设计、设备采购、设备制造、设备验收、设备安装、设备调试、竣工验收、运维检修、退役报废等全过程中，监督有关技术标准和预防设备事故措施在各阶段的执行落实情况，分析评价电力设备健康状况、运行风险和安全水平，并反馈到发展、基建、运检、营销、科技、信通、物资、调度等部门，以确保电力设备安全可靠经济运行。

### 二、电网环保技术监督概念

第二章已提到，电网在建设运行过程中可能会对环境产生一定影响。因此，电网环保技术监督是指依据国家法律、法规，按照国家和行业的标准，利用先进的测量手段及管理方法，在电网设备全过程质量管理和电网系统全过程状态监控过程中，对环保设施（备）健康水平及安全、稳定、经济运行有关的重要参数、性能、指标进行监督、检查、调整、评价，以保证其在良好状态或允许范围内运行；对生产过程中污染物排放进行监督及检查，确保其达标排放。

## 第二节　电网环保全过程技术监督内容

电网环保技术监督贯穿于规划可研、工程设计、设备采购、设备制造、设备验收、施工安装、设备调试、竣工验收、运维检修、退役报废全过程，依据相关环保水保法律、法规和技术标准，采用监测、检测、抽查和核查资料等手段，监督环保水保设施（措施）的落实情况，确保满足环保水保技术标准和工作要求。下面将具体展开介绍电网环保全过程技术监督的监督内容和监督要点。

## 一、规划可研阶段

规划可研阶段是指工程设计前进行的可研及可研报告审查的工作阶段，本阶段主要工作是开展工程可行性研究，启动环境影响评价和水土保持方案编报工作。输变电工程可行性研究包含电力系统一次、电力系统二次、站址选择及工程设想、线路工程选线及工程设想、节能降耗分析、环境保护和水土保持、投资估算及经济评价等内容。建设项目可行性研究阶段的环保技术监督是从源头上贯彻落实国家及地方环保法律、法规、标准和公司环保规章制度等情况的过程。

本阶段，环保技术监督人员可通过参与可研评审、查阅可行性研究报告等方式，监督建设项目可研深度是否符合要求，环保水保费用是否列入估算，选址选线是否合理；可通过查阅项目可行性研究报告环水保复核意见，督促可研单位闭环处理复核意见，必要时可研单位应修改完善项目可研或补充办理协议文件。具体监督要点如下。

### 1. 项目可研

（1）110kV 及以上建设项目环保、水保专章内容，满足可研深度规定。

（2）110kV 及以上建设项目的环（水）保设（措）施费、环（水）保咨询费等相关费用列入估算。

（3）可行性研究报告应符合国网公司有关环保管理要求。输变电建设项目选址选线应符合生态保护红线管控要求，站址、路径尽量避让国家公园、自然保护区、世界文化和自然遗产地、风景名胜区、饮用水水源保护区、生态保护红线等生态敏感区，如无法避让应取得相应主管部门的协议文件。

（4）可行性研究报告应符合水土保持的相关法律法规要求，项目的选址、选线应当避让水土流失重点预防区和重点治理区，无法避让的应当提高防治标准，优化施工工艺，减少地表扰动和植被破坏范围，有效控制可能造成的水土流失。

2. 环境影响评价

（1）110kV及以上建设项目启动建设项目环境影响评价工作。

（2）复核建设项目选址（选线）、布局，尽量避让生态敏感区，优化选址选线。

3. 水土保持方案

（1）依法应当编制水土保持方案的生产建设项目启动水土保持方案编制工作。

（2）复核建设项目选址（选线）、布局，尽量避让水土流失重点预防区和重点治理区等，对无法避让的应提高水保措施的施工工艺。

（3）复核取土、弃土（渣）、余土综合利用等水保协议情况。

## 二、工程设计阶段

工程设计阶段是指工程核准或可研批复后进行工程设计的工作阶段。在设计阶段，工程主体设计需要落实可行性研究、环境影响报告书（表）和水土保持方案报告书（表），以及相应批复文件所确定的各项环境保护要求。环境保护设计是工程设计的重要组成部分，贯穿于输电线路塔基定位、基础设计、电气参数确定和变电站土建设计、电气设备布置与选型，以及工程投资概预算等多个环节。

本阶段，环保技术监督人员应依据环保水保法律法规和相关技术标准，并结合建设项目特点，核查环境影响报告书（表）和水土保持方案报告书（表）是否具备内审条件，如有必要，技术监督人员应参与内审会议，核查报告实际编写情况；内审完成后，应核查编制单位是否依据内审意见及时修改完善报告并报送至审评机构，并应在开工前取得批复；可通过参与设计审查、查阅设计文件的方式，监督初设文件环保水保专篇或专章的深度是否满足要求，环保水保投资是否列入工程概算；通过对照环评报告、水土保持方案或查阅环评、水保方案编制单位出具的初设环保水保符合意见，核查环保水保措施是否已落实到初设文件中；依据环评报告、水土保持方案及批复文件，核查施工图设计文件中环保水保措施落实情况，并判断是否存在重大变动或重大变更，如构成重大变动或重大变更的，须补充或修改环评报告、水土保持方案并重新报批。具体监督要点如下。

1. 环境影响评价

（1）110kV及以上建设项目环境影响报告书（表）按规范要求编制及组织内审。

（2）编制完成后，报有审批权的生态环境主管部门审批，在开工建设前取得环评批复。

2. 水土保持方案

（1）按相关水土保持法律法规规定及要求编制建设项目水土保持方案并组织内审。

（2）生产建设单位应当在生产建设项目开工建设前完成水土保持方案编报并取得批准手续。

3. 初步设计

（1）设计文件应依据初设深度规定要求设有环保（水保）专篇或专章。

（2）110kV及以上建设项目的环保、水保投资，竣工环保及水保设施验收、监测相关费用列入工程概算。

（3）根据环境影响评价文件及其批复文件中要求，核实初设文件环境保护设施（措施）落实情况。

（4）根据水土保持方案报告书（表）及其行政许可文件要求，核实初设文件水土保持设施（措施）落实情况。

4. 施工图设计

（1）根据环境影响评价文件及其批复文件，核实施工图环保措施及设施落实情况，并判断是否存在重大变动，如构成重大变动的须对变动内容进行环评并重新报批。

（2）根据水土保持方案报告书（表）及其行政许可文件要求，核实施工图水保措施落实情况，并判断是否存在重大变更，如构成重大变更的需补充或修改水保方案并重新报批。

（3）施工图设计文件应满足施工图设计内容深度规定。

## 三、设备采购阶段

设备采购阶段是指根据设备招标合同及技术规范书进行设备采购的工作阶段。本阶段主要工作是采购声源设备、生活污水处理装置等设备，如果采购的声源设备、生活污水处理装置选型不当、技术参数不满足环评和设计要求，后续设备安装投运后有可能造成超标排放，从而导致需开展超标治理。超标治理不但工作量大、停电要求高、施工时间长，还会造成严重浪费和不良社会影响。故开展设备采购阶段环保技术监督能够确保采购适当技术参数的声源设备、生活污水处理装置等，使得变电站厂界噪声达标排放，处理后的生活污水达到排放标准或回用标准。

本阶段，环保技术监督人员通过查阅招标文件，核查声源设备、噪声辅助治理设施、生活污水处理装置有关性能指标、技术参数是否符合环评文件、设计文件以及相关标准的要求。具体监督要点如下。

### 1. 变压器、电抗器等声源设备

（1）主要噪声源设备招标文件（技术规范书）中有关噪声指标应满足环评文件、设计文件中提出的噪声源强要求。

（2）招标文件（技术规范书）中噪声源设备的隔声、消声、吸声、减震等噪声辅助治理设施符合环评文件、设计文件的要求。

（3）主变、电抗器、风机噪声水平应满足《220kV～750kV变电站噪声控制设计技术导则》（Q/GDW 11125—2013）表3、表4内噪声基本要求，110kV、1000kV电压等级设备参照执行。

### 2. 生活污水处理装置

生活污水处理装置的招标文件（技术规范书）中提出技术参数满足《污水综合排放标准》（或地方生态环境主管部门的要求）、《城市污水再生利用 城市杂用水水质》（GB/T 18920—2020）等回用标准。

## 四、设备制造阶段

设备制造阶段是指在设备完成招标采购后，在相应厂家进行设备制造的工作阶段。本阶段主要工作是生产制造声源设备、生活污水处理装置，厂家若在生产制造中偷工减料、生产安装工艺不符合标准，不但会影响设备性能，也可能造成环保指标超标。

本阶段，环保技术监督人员可监督主变、电抗器等主要噪声源设备、生活污水处理装置的生产工艺、设备材质、装置性能是否满足订货合同（技术协议）以及相关标准的要求。具体监督要点如下。

### 1. 变压器、电抗器等声源设备

（1）变压器、电抗器、风机等声源设备的装置性能满足订货合同（技术协议）中噪声源强要求。

（2）按订货合同（技术协议）要求使用降噪材料、降噪工艺。

（3）隔声、消声、吸声、减震等噪声治理设施满足订货合同（技术协议）的要求。

### 2. 生活污水处理装置

生活污水处理装置性能满足订货合同（技术协议）的要求，保证变电站生活污水处理后满足环评文件的排放或回用要求。

## 五、设备验收阶段

设备验收阶段是指设备完成生产后，在现场安装前验收的阶段。声源设备、生活污水处理装置如验收不到位，可能发生出厂时噪声值、装置性能不符合订货合同中的技术参数，从而导致安装后的变压器、电抗器等声源设备噪声值超标，生活污水处理装置处理性能不足。

本阶段，环保技术监督人员通过监督主变压器、电抗器等主要噪声源设备、生活污水处理装置出厂检测报告、装置性能是否满足订货合同（技术规范）的要求，核查供货单与供货合同及实物的一致性。具体监督要点如下。

1. 变压器、电抗器噪声源强

（1）变压器、电抗器等声源设备出厂检测报告中噪声测试值满足订货合同（技术协议）的要求。

（2）隔声、消声、吸声、减震等噪声辅助治理设施满足订货合同（技术规范）的要求，并提供相关声学性能检测报告。

（3）变压器、电抗器等声源设备的出厂检测报告中噪声保证值、声功率级符合《电力变压器 第 10 部分：声级测定》（GB/T 1094.10—2022）的要求。

（4）设备供货单与供货合同及实物一致。

2. 生活污水处理装置

（1）生活污水处理装置性能、出厂检测报告等应满足订货合同（技术协议）的要求。

（2）设备供货单与供货合同及实物一致。

## 六、施工安装阶段

施工安装阶段是指从土建施工开始到施工安装完毕的阶段。本阶段是具体落实环评、水土保持方案及设计文件中环保水保措施和设施的关键阶段。若施工期环保水保措施未落实到位，造成环境污染或引发水土流失，则会涉及法律责任。若环保水保设施施工工艺、设备安装过程不符合相关规定，则会影响设施运行使用性能，导致无法通过验收，拖后项目投产进度。

本阶段，环保技术监督人员通过查阅建设项目施工组织设计、水土保持监测报告、监理报告等资料，核查环保水保内容是否完整齐全；对发生重大变动或重大变更的项目，核查是否重新依法履行报批手续；现场检查施工项目废水处理、扬尘防治、噪声控制、废弃物管理是否符合相关规定；现场检查事故排油系统、生活污水处理系统等环保设施是否按图施工，各类管道、池体等环保设施隐蔽工程施工工艺是否符合要求；现场检查水土保持措施和设施是否按设计要求落实到位等。具体监督要点如下。

1. 施工组织

（1）施工单位项目管理实施规划（施工组织设计）中应包含环境保护和水土保持相应内容。

（2）开工前，建设单位（或建设管理单位）应委托具有相应能力、熟悉相关业务、工作业绩优良的水土保持监测单位开展电网建设项目水土保持监测，组织报送水土保持监测季报，工程建设期间在建设单位官网、业主项目部和施工项目部公开水土保持监测季报。

（3）对于主体工程开展监理工作的项目，开工前，建设单位（或建设管理单位）应委托具有相应能力、熟悉相关业务、工作业绩优良、人员资格或单位资质满足有关规定要求的单位开展电网建设项目水土保持监理。

（4）项目建设过程中如发生重大变动，应当在实施前对变动内容进行环境影响评价并重新报批。

（5）水土保持方案实施过程中水土保持措施如发生重大变更，应当补充或修改水土保持方案并报原审批机关批准。

（6）监测单位依据扰动土地情况、水土流失状况、防治成效及水土流失危害等监测结果，对生产建设项目水土流失防治情况进行评价，在监测季报和总结报告中明确“绿黄红”三色评价结论。

2. 施工废水处理

（1）混凝土搅拌和灌注桩施工应设置沉淀池，有组织收集泥浆等废水，废水不得直接排入农田、池塘。

（2）施工期生活污水需要排入城镇管网的，应符合标准要求；食堂、盥洗室、淋浴间的下水管线应设置过滤网，食堂应另设隔油池；施工现场宜采用移动式厕所，并应定期清理；固定厕所应设化粪池；隔油池和化粪池应做防渗处理。

3. 施工扬尘防治

施工过程中，应对易产生扬尘污染的物料（砂、水泥等）、混凝土搅拌场所及裸露土地实施遮盖、封闭、洒水等措施，减少扬尘对大气的污染。

4. 施工噪声控制

（1）在周围有敏感建筑物的施工过程中，应使用低噪声设备，落实施工组织设计中的噪声防治措施，降低噪声污染，确保建筑施工场界环境噪声排放限值昼间不大于 70dB（A），夜间不大于 55dB（A）。

（2）在城市市区范围内施工，可能产生环境噪声污染的，施工单位必须向地方人民政府指定的部门报备。夜间施工应有审批手续。

5. 施工废弃物管理

（1）施工场地和土石方堆放应采用覆盖措施；砂石、水泥等施工材料采用铺垫措施。

（2）施工机械、带有油性的器具，应做好防渗漏油的措施。

（3）施工、生活垃圾分类回收，按规定清运消纳。

（4）施工完成后，施工现场应做到“工完、料尽、场地清”。

6. 事故排油系统

（1）事故油池、管道、水封井、检查井、油坑等应按图施工；管道安装，特别是事故油池出口弯管安装必须符合设计要求；管道和预埋件按设计要求进行防腐处理。

（2）事故排油系统原材料应符合标准和设计要求，并检测合格；混凝土现浇池体的抗压强度、防水等级符合生活污水系统池体强度和防水的设计要求。

（3）水封井、检查井、事故油池等混凝土现浇池体施工工艺符合标准工艺要求。

（4）事故油池抹面之前应进行充水试验；管道敷设完成后应进行通球试验和水压试验。

（5）监理项目部对隐蔽工程进行检查、签证；施工项目部在隐蔽工程隐蔽前 48h 通知监理，监理项目部于隐蔽前组织相关人员对隐蔽工程进行验收；监理、施工项目部应按《输变电工程安全质量过程控制数码照片管理工作要求》留存相应影像资料。

7. 生活污水处理系统

（1）管道、化粪池、格栅井、调节水池、生化池、终沉池、回用水池及雨水井、集水池等应按图施工。雨水、污水管道和预埋件按设计要求进行防腐处理，管道安装符合设计要求，特别是化粪池进出水管的安装。

（2）生化池内填料安装密度符合设计要求；生活污水处理系统原材料应符合标准和设计要求，并检测合格；混凝土现浇池体的抗压强度、防水等级符合生活污水系统池体强度和防水的设计要求。

（3）化粪池、格栅井、调节水池、生化池、终沉池、回用水池和集水池等混凝土现浇池体施工工艺符合工艺标准。

（4）化粪池、调节水池、回用水池等池体抹面之前进行充水试验；管道敷设完成后进行通球试验和水压试验。

（5）监理项目部对隐蔽工程进行检查、签证；施工项目部在隐蔽工程隐蔽前 48 小时通知监理，监理项目部于隐蔽前组织相关人员对隐蔽工程进行验收；监理、施工项目部应按《输变电工程安全质量过程控制数码照片管理工作要求》留存相应影像资料。

8. 主变压器和电抗器等声源设备

主变压器和电抗器按照环境影响评价报告和设计要求采取必要的隔声、消声等降噪措施，可在主变压器、电抗器靠近厂界侧设置防火墙并适当增加防火墙的长度和高度，利用墙体进行隔声。

9. 水土保持

（1）挡土墙、排水沟、护坡等水土保持设施按图施工。

（2）开展施工现场水土保持检查。施工现场应合理选择牵张场地，因地制宜地进行场地布置；应合理选择施工运输道路及人力运输道路，恢复施工道路等临时用地的原有土地功能；施工现场应尽力保持地表原貌，减少水土流失，避免造成深坑或新的冲沟，防止发生环境影响事件。

（3）取土场、弃渣处置点等应进行有效防护，并修建截（排）水沟及其与自然沟道的消能顺接工程，施工结束后进行土地整治、恢复植被或复耕。

（4）重点对象水土流失动态监测包括水土流失防治责任范围、背景值、建设期扰动土地面积、取（弃）土场占地面积、取（弃）土量、土石方流向情况等监测结果，以及大型开挖填筑区、施工道路及临时堆土场等其他重点部位的监测结果。

（5）施工完成后，施工临时占地（包括牵张场地、临时道路、临时设施占地）、塔基永久占地应完成植被恢复工作。

（6）变电站站区、线路塔基区采用生熟土分离方式开挖，分类存放，裸露的场地和集中堆放的土方采用覆盖措施，砂石、水泥等施工材料是否采取铺垫措施。

## 七、设备调试阶段

设备调试阶段是指生活污水处理装置完成安装后，开始进行设备调试的阶段。若生活污水处理装置调试不到位，在后续运行中可能导致处理及防治效果不佳，当处理后的水质达不到排放标准或回用标准，将承担超标排放风险。

本阶段，环保技术监督人员通过查阅生活污水处理装置的调试方案、记录、报告等资料，监督处理后水质及厂界噪声是否达到相应要求。具体监督要点如下。

### 1. 生活污水处理装置调试

（1）生化池内活性菌种根据实际水质情况进行驯化、调整；活性菌种挂膜正常，能将生活污水有效分解。

（2）生活污水处理装置。①系统出力调整到最佳状态；②水泵水位控制满足设计要求，能够根据液位正常启停；③处理后的水质达到设计要求或符合国家和地方排放标准要求。

（3）生活污水处理装置进行调试前，公开调试的起止日期。

### 2. 噪声防治调试

检验噪声防治设施性能情况。降噪设施消隔声性能是否达到设计要求，厂界噪声排放是否满足国家、地方排放标准要求。

## 八、竣工验收阶段

竣工验收阶段是指工程项目竣工后，建设管理单位按照国务院生态环境（水行政）主管部门规定的标准和程序，编制验收材料，对项目配套的环保水保设施及措施进行验收，公开相关信息的阶段。本阶段环保技术监督是对前期各阶段监督发现问题的整改落实情况进行监督检查和评价。

环保技术监督人员重点监督工程项目环保水保技术档案完备情况，核查事故排油系统、生活污水处理系统等环保水保设施及措施落实情况，核查前期各阶段监督问题整改闭环情况，检查环保水保验收工作开展情况等。具体监督要点如下。

1. 技术档案

（1）环保水保资料应完整齐全，具体包括：①环境影响评价报告及批复文件、水土保持方案及批复文件、环保水保变更批复文件；②所在地电磁环境现状和声环境、水环境功能区划资料等；③验收调查范围内环境敏感区有关资料；④所在区域自然环境概况。

（2）建设项目基础资料应完整齐全，具体包括：①初步设计、施工图设计、竣工图设计及立项批复文件；②竣工示意图；③设计变动资料及其批复意见、施工总结报告、监理报告、水保监测报告等；④土地征用和临时占用统计资料；⑤建设、施工和运行单位环境管理资料等。

2. 事故排油系统

（1）事故排油系统管道、井盖、鹅卵石等选材应符合设计要求。

（2）事故油池、管道、水封井、检查井、油坑等应按图施工；事故排油管道安装、结构防水等施工质量应符合设计规范。

（3）事故油池、水封井、检查井、管道和预埋件防腐应符合设计规范要求。

（4）事故排油系统功能应达到设计要求；事故排油管道通球、水压等功能试验、池体满水试验记录齐全、规范。

（5）事故排油管道内杂物清除；井盖标识清晰正确。

3. 生活污水处理系统

（1）生活污水处理系统管道、井盖等选材应符合设计要求。

（2）管道、化粪池、格栅井、调节水池、生化池、终沉池、回用水池及雨水井、集水池等按图施工；生活污水管道、填料安装、结构防水等施工质量符合设计规范；格栅池、调节水池、生化池、终沉池、回用水池、雨水井、管道和预埋件防腐符合规范要求。

（3）生活污水处理性能达到设计要求（处理水量、出水水质等）；生活污水处理装置调试方案、试验、记录、报告规范齐全，调试结果符合相关标准要求；污水管道功能试验等满足设计要求。

（4）污水管道内杂物清除，无积水；井盖标识清晰正确，走向清晰。

4. 主变和电抗器等声源设备

变压器、电抗器声源设备噪声应满足环评报告及批复文件、设计文件等要求。降噪减振效果达到设计或供货合同要求。

5. 生态环境保护措施和水土保持措施（设施）落实

（1）按照设计要求完成排水沟、护坡等水保设施建设，满足交付使用要求，且运行、管理及维护责任得到落实。

（2）施工过程中造成地表扰动的施工便道、牵张场地、塔基施工场地等临时占地范围，在施工结束后应进行土地整治，恢复植被或复耕；回覆表土，恢复原土地利用功能。

（3）建（构）筑物等拆除后的垃圾清理，迹地恢复落实到位。

6. 闭环管理

及时落实整改各个阶段发现的问题，并对发现问题记录、问题闭环或复核记录等进行存档，做到闭环管理。

7. 环保验收

（1）根据电网建设项目建设进度，建设管理单位应及时组织环保验收调查单位启动环保验收调查工作。

（2）环保设施应纳入主体工程质量验收范围，工程启动验收报告中应给出明确的环保设施竣工验收结论，作为环保验收组成部分。对于验收调查过程中发现的问题，建设管理单位应及时组织整改。

（3）建设管理单位向相应的环保归口管理部门提交环保验收申请。

（4）变电站（换流站）厂界噪声、外排废水监测达标，变电站（换流站）和线路设计的电磁和声环境敏感目标监测达标，并符合环评批复或环评报告的要求。

（5）竣工环保验收调查报告编制、技术评审、验收审查、公示符合相关要求，公示期满后，应登录全国建设项目环保验收信息平台，填报相关信息；完成验收程序。

（6）电网建设项目环保验收应当在规定的期限内完成，验收期限一般为3个月。需要对环保验收过程中发现的问题进行整改的，验收可以适当延期，但验收期限最长不得超过12个月。

8．水保设施验收

（1）根据电网建设项目建设进度，建设管理单位应及时组织水保验收报告编制单位启动验收调查工作。

（2）防护类及截排水类水保设施应纳入主体工程质量验收范围，工程启动验收报告中应给出明确的水保设施竣工验收结论，作为水保验收组成部分。对于验收过程中发现的问题，建设管理单位应及时组织整改。

（3）建设管理单位向相应的环保归口管理部门提交水土保持设施验收申请。

（4）水土流失防治指标达到水土保持方案批复的要求。

（5）水保验收调查报告编制、技术评审、验收审查、公示符合相关要求；建设单位（或建设管理单位）应在向社会公开水土保持设施验收材料后，向水土保持方案审批机关报备水土保持设施验收材料，并取得水土保持设施验收报备回执；完成验收程序。

## 九、运维检修阶段

运维检修阶段是指电网运行期间，对设备进行运维检修的工作阶段。当前社会舆论、公众媒体对环境保护的重视程度越来越高，电网企业面对的环保压力也不断增加。做好运维检修阶段的环保技术监督，能够消除社会公众对输变电工程存在的环保误区，保障电网安全稳定运行，彰显电网企业主动担当的社会形象。

本阶段，环保技术监督人员通过现场检查的方式，监督环保水保设施运行维护情况；通过查阅台账的方式，监督运行维护过程中产生的废水、废油、六氟化硫回收处理情况；通过报告核查的方式，监督各类环境影响因子定期监测及超标治理情况；通过资料审查的方式，监督技改项目环保水保手续履行、突发环境事件应急管理等情况。具体监督要点如下。

1. 环保设施运行维护

（1）对生活污水处理装置、水封井、事故油池、雨水泵、防噪降噪等环保设施定期进行检查、维护及轮换工作，发现问题及时处理；并做好运行维护记录，保证其正常投用。

（2）六氟化硫回收装置、净化处理装置正常运行，净化处理后气体检测合格后方可发放。

（3）建立环保设施运行管理制度（运行检修规程）、设备台账、运行维护记录等制度、台账。

2. 运行期环境监测

（1）定期开展110kV及以上变电站（开关站、串补站）和输电线路的工频电场、工频磁场、噪声及有人值守变电站外排水等环境影响因子的监测。有人值守变电站外排水的排放口应按环境保护要求设置在线监测仪表。

（2）各类环境影响因子监测结果准确、可靠。环境监测仪器应按计量要求定期检定（校准）。

（3）做好监测记录和报告的存档，建立运行中变电站、输电线路电场、磁场、噪声等环境影响因子监测数据库。

3. 检修管理

（1）检修过程产生的对电网废物应采取防扬散、防流失、防渗漏以及其他防止污染环境的措施，不得擅自倾倒、堆放、丢弃和遗撒。

（2）检修过程产生的危险废物收集、暂存和处置应满足相关环保法律法规要求，做好处置记录台账管理。

（3）检修过程产生的一般废物收集、暂存和处置应满足相关环保法律法规要求，做好处置记录台账管理。

（4）六氟化硫气体循环利用工作坚持“分散回收、灵活处理、统一检测、循环利用”的原则。

（5）六氟化硫气体回收率、净化处理率、回用率符合相关环保管理要求。

（6）做好六氟化硫气体回收处理工作的数据统计，加强数据分析和审核。

4. 超标治理

（1）环境影响因子超标且扰民的，必须限期整改治理。

（2）超标因子经治理后监测数据符合相应环保标准要求。

5. 技改管理

（1）技术改造项目必须采取措施，治理与该项目有关的原有环境污染和生态破坏。

（2）技术改造项目应符合国家环境保护和水土保持相关法律、法规和标准要求。

6. 应急管理

（1）按照国家有关规定制定突发环境事件应急预案，报生态环境主管部门和有关部门备案。

（2）建立健全突发环境事件应急物资与装备储存、调拨和紧急配送机制，确保突发事件所需的物资、应急人员防护装备和生活用品的应急供应等。

（3）定期组织开展突发环境事件应急预案培训、预案演练与评价及预备备案等工作。

## 十、退役报废阶段

退役报废阶段是指设备完成使用寿命后，退出运行的工作阶段。若电网废弃物在收集、贮存、运输、利用、处置过程中处理不当，造成环境污染，则将承担法律责任。

本阶段，环保技术监督人员通过查阅资料及台账等方式，监督是否做好退役设备、废矿物油、废铅蓄电池、六氟化硫等的回收处理、循环利用或者无害化处置工作。具体监督要点如下。

1. 退役报废管理

（1）收集、贮存、运输、利用、处置固体废物时，必须采取防扬散、防流失、防渗漏或者其他防止污染环境的措施；不得擅自倾倒、堆放、丢弃、遗撒固体废物。

（2）危险废物和一般固体废物分类存放，暂存场所应宽敞、干燥、通风，符合消防安全要求，暂存场所须有明显的标识和警示牌。

（3）建立退役设备档案和电网废弃物收集、暂存和处置记录台账管理，资料归档保留5年。

2. 危险废物处置

（1）产生、收集、贮存、利用、处置危险废物的单位应建造危险废物贮存设施或设置贮存场所。

（2）贮存设施或场所、容器和包装物应按《危险废物识别标志设置技术规范》（HJ 1276—2022）的要求设置危险废物贮存设施或场所标志、危险废物贮存分区标志及危险废物标签等危险废物识别标志。

（3）禁止将危险废物提供或者委托给无许可证的单位或者其他生产经营者从事收集、贮存、利用、处置活动。

（4）转移危险废物的，应当执行危险废物转移联单制度。

（5）转移危险废物的，应当通过国家危险废物信息管理系统填写、运行危险废物电子转移联单。

3. 一般废物管理

（1）废绝缘子、废瓷瓶、废电缆盖板、废非金属表箱和废水泥电杆等一般固体废物应根据种类、数量、特性等因素进行分类收集。

（2）对废绝缘子、废瓷瓶、废电缆盖板、废非金属表箱和废水泥电杆等一般固体废物，实物使用保管单位在符合安全、环境等相关要求前提下，自行或委托第三方（或社会公共机构）实施环境无害化处置。

# 第四章　电网环境保护全过程常见问题分析

## 第一节　规划可研阶段

1. 可行性研究报告中环境保护和水土保持章节不满足可研深度规定

依据《220kV及110（66）kV输变电工程可行性研究内容深度规定》（Q/GDW 10270—2017）和《330kV及以上输变电工程可行性研究内容深度规定》（Q/GDW 10269—2022），环境保护章节主要包含环境现状分析、环境影响分析及环境保护措施。

（1）环境现状分析。需说明变电站厂界外及线路边导线外两侧1km范围内生态敏感区的名称、级别、保护范围、与工程位置关系等情况，变电站厂界外200m及线路边导线外两侧100m范围内电磁和声环境敏感目标的名称、功能、与工程位置关系等情况。

（2）环境影响分析。需分析工程建设施工期（生态、噪声、污水、扬尘、固体废物等）和运行期（电磁、噪声、污水、固体废物、事故油池等）的主要环境影响、生态影响。

（3）环境保护措施。需明确环境保护措施设计原则。水土保持章节主要包含水土流失现状分析、水土流失影响分析及水土保持措施。水土流失现状分析，即说明工程所在区域水土流失现状；水土流失影响分析，即说明永久占地、临时占地面积，工程施工引起的开挖、回填、取土、弃土等土石方量；水土保持措施，即明确水土保持措施设计原则。

2. 在项目可研阶段未将环保水保等相关费用计列进投资估算中

参照《国家电网有限公司环境保护技术监督规定》[国网（基建/2）539—2023] 等公允计费依据，参与建设项目可研审查。重点检查是否编制环境保护和水土保持篇章，环境保护和水土保持篇章是否符合可研内容深度规定要求，环境保护、水土保持投资是否被纳入了工程投资估算。检查建设项目选址是否存在环保颠覆性意见，必须穿（跨）越国家公园、自然保护区、风景名胜区、世界文化和自然遗产地、海洋特别保护区、饮用水水源保护区、自然公园、生态保护红线等区域的建设项目，是否已依法取得相关管理部门同意的意见。此外，《国家电网公司环境保护管理办法》规定，环境保护工作所需费用主要包括建设项目环境保护费（环境保护和水土保持设施（措施）费、环境影响报告书（表）和水土保持方案报告书（表）编报费，竣工环境保护验收和水土保持设施验收费，环境监理费、水土保持监理费、监测费和补偿费、环境影响后评价费等），涉及环境保护的技术监督、环境监测、仪器仪表购置、宣传培训、超标治理、纠纷处理、废弃物处置及循环利用等费用。

3. 可行性研究时，未及时启动环评工作

《国家电网有限公司电网建设项目环境影响评价管理办法》[国网（基建/3）644—2023] 规定，环境影响报告书编报工作应在可行性研究阶段启动，由环评单位负责编制环评报告，复核可研和初设方案中的环保内容。环评单位应依照环保法律法规和标准规范开展工作，确保环境影响分析预测评估可靠、提出的环保措施切实可行、环评结论科学合理。编制过程中应加强与可研、设计工作的衔接配合，复核可研与设计方案中涉及环境敏感区情况、环保措施情况及环保投资情况，提出复核意见。

4. 可行性研究时，未及时启动水土保持方案编制工作

《国家电网有限公司电网建设项目水土保持管理办法》[国网（基建/3）970—2023] 规定，在电网建设项目可行性研究阶段，建设单位应启动水保方案编制工作，在初步设计评审前完成内审，开工前取得水行政主管部门（或水保方案审批机关）的批复文件。具体工作包括委托编制电网建设项目水保方案、组织水保方案内审、申请水保方案审批、配合水保方案技术评审、现场踏勘以及专家咨询审议、取得

批复文件等。

## 第二节　工程设计阶段常见问题

1. 项目开工建设前未及时取得环评批复、水土保持方案批复

“未批先建”属于违法行为。根据《建设项目环境保护管理条例》（中华人民共和国国务院令 第 682 号）中第九条，依法应当编制环境影响报告书、环境影响报告表的建设项目，建设单位应当在开工建设前将环境影响报告书、环境影响报告表报有审批权的环境保护行政主管部门审批；建设项目的环境影响评价文件未依法经审批部门审查或者审查后未予批准的，建设单位不得开工建设。另外，在建设项目环境影响报告书、环境影响报告表经批准后，建设项目的性质、规模、地点、采用的生产工艺或者防治污染、防止生态破坏的措施发生重大变动的，建设单位应当重新报批。建设项目环境影响报告书、环境影响报告表自批准之日起满 5 年，建设项目方开工建设的，其环境影响报告书、环境影响报告表应当报原审批部门重新审核。水土保持方面，根据《中华人民共和国水土保持法》（中华人民共和国主席令 第三十九号）规定，依法应当编制水土保持方案的生产建设项目，生产建设单位未编制水土保持方案或者水土保持方案未经水行政主管部门批准的，生产建设项目不得开工建设。另外，水土保持方案经批准后，生产建设项目的地点、规模发生重大变化的，应当补充或者修改水土保持方案并报原审批机关批准。水土保持方案实施过程中，水土保持措施需要作出重大变更的，应当经原审批机关批准。

2. 设计文件环境保护水土保持专篇或专章不满足初设深度规定

根据《输变电工程初步设计内容深度规定》，初设环境保护篇章应对照环评报告，说明下列内容：①站址区域的自然环境概况、环境影响情况；②生产废水、生活污水处理措施和达到排放的标准；③噪声源及噪声控制要求，进行噪声计算，提出相关控制措施；④电磁环境标准，提出相关控制措施。对于噪声控制有特殊要求的变电站，应

从设备选型及布置、建筑物型式及材料选择等方面，专题论述所采用的降噪措施。初设水土保持篇章应对照水土保持方案，论述站址区域的水土流失状况，水土保持措施，即结合当地地形、地貌、水文、气象、植被等条件，分别针对变电站站区、进站道路、站外施工生产生活区、供排水管线区、相关还建区、新建及拆除线路塔基区、牵张场、跨越施工区、施工道路等提出相应的水土保持措施。弃渣场等重要防护对象应当开展点对点勘察与设计。

若环评报告或水土保持方案尚未完成，设计单位可与环评报告、水土保持方案编制单位沟通协调，使初步设计中环境保护、水土保持措施与环评报告、水土保持方案保持一致。

3. 建设项目的环保水保投资，竣工环保及水保设施验收、监测相关费用未列入工程概算

根据《建设项目环境保护管理条例》（中华人民共和国国务院令第 682 号）第十六条，建设项目的初步设计，应当按照环境保护设计规范的要求，编制环境保护篇章，落实防治环境污染和生态破坏的措施以及环境保护设施投资概算。其中，环境保护投资应包括运行维护费用，直接为建设项目服务的管理费用、监测费用、科研费用及其他必要费用等。

根据《国家电网有限公司电网建设项目水土保持管理办法》［国网（基建/3）643—2023］第二十一条，电网建设项目在可行性研究、设计阶段，建设单位应根据水保方案及其批复文件（如有）要求和有关技术标准，组织可行性研究、初步设计、施工图设计等单位按照相应内容深度规定要求，编制水保篇章，明确水土流失防治措施、标准以及水保投资。

4. 初设阶段，项目设计与环评报告相脱节

环评单位一般在可研批复后，即开始编写报告、内审、报批。有时环评与设计之间的沟通不及时不充分，可能导致环评已取得批复，才发现设计阶段站址、路径已发生变更，由此需要重新做变动环评，增加时效，建设周期大幅延长。故在初设阶段，环评单位接收初设资

料后，设计单位与环评单位应及时沟通，尤其是初设单位接收初设方案生态敏感区和环保措施复核意见单后，应及时闭环处理并反馈环评单位和建设单位。

5. 未复核施工图设计中环保水保措施落实情况，并判断是否存在重大变动或重大变更

根据《国家电网公司电网建设项目环境影响评价报告书编报工作规范（试行）》（国家电网科〔2017〕590号）规定，环评批复后至项目开工前，建设单位应组织对施工图设计方案与环评方案进行梳理对比，构成重大变动的须对变动内容进行环境影响评价并重新报批，构成一般变动的须向环保行政主管部门备案。项目建设过程中，建设单位应加强环保监督管理，尽可能避免发生重大变更。如发生重大变更，应组织有关单位及时补充或者修改环评并重新报批。水土保持方面，根据《电网建设项目水土保持方案报告书编报工作规范（试行）》（国家电网科〔2019〕92号）规定，水土保持方案批复后至项目开工前，建设单位应组织有关单位对施工图设计文件与水土保持方案进行梳理对比，构成重大变更的需补充或修改水土保持方案并重新报批，构成其他变化的纳入水土保持设施验收管理，并符合水行政主管部门的管理要求和相关水保标准、规范要求。

项目建设过程中，建设单位应加强水土保持监督管理，尽可能避免发生重大变动。如发生重大变动，应组织有关单位及时补充或者修改水土保持方案并重新报批。此外，确需在批准的水土保持方案确定的专门存放地外新设弃渣场的，生产建设单位可在征得所在地县级水行政主管部门同意后先行使用，同步做好防护措施，保证不产生水土流失危害，并及时向原审批部门办理变更审批手续。

## 第三节　设备采购阶段常见问题

### 一、变压器、电抗器等主声源设备采购中常见问题

声源设备采购未根据环评、设计要求进行差异化采购，导致主声

源设备噪声值高于环评报告及批复文件要求。根据《国家电网有限公司环境保护技术监督规定》[国网（基建/2）539—2023] 规定，应检查声源设备及降噪设施采购资料。查阅主要声源设备以及降噪设施招标文件（技术规范书）中有关噪声技术参数是否满足环评、设计文件要求。根据《500kV 电力变压器订货技术规范》（QGDW-08-J103—2008）中的内容，在设备性能满足技术标准的前提下，变压器设备性能的评价指标应包括噪声水平等参数。因此，在设备采购阶段，应在订货技术规范性能保证中对声源设备源强进行确定；在工厂试验中对变压器励磁声级和合同规定负载电流下的负载声级提出要求，其合成声级不应超出合同规定限值；变压器在现场组装后还应进行现场试验，对噪声水平进行测量。

【案例 4-1】某 220kV 变电站整体改造，环评报告中厂界噪声排放标准执行《工业企业厂界环境噪声排放标准》（GB 12348—2008）2/4a（机场路侧）类。污染防治措施要求变电站尽量选用低噪声设备，主变声压级不大于 65dB（A），并按照此源强预测得出老站址红线四周厂界噪声排放值，当 3 台主变压器选用噪声源强为 65dB（A）变压器时，厂界噪声值能满足相关标准要求。

但设备采购阶段没有根据环评要求进行差异化采购，新建 1 号、2 号主变压器采用西门子公司生产的噪声源强为 70dB（A）的自冷/风冷方式主变。3 号主变压器利用原有的维奥伊林公司生产的噪声源强为 65dB（A）的自冷方式主变压器。在此工况下经噪声软件模拟得出站址北侧厂界处夜间噪声超标明显。投产后在主变压器负载分别是为 1 号主变压器 54MW、2 号主变压器 53MW、3 号主变压器 27MW，1、2 号主变压器风机开启，低压电抗器投入状态，在电抗器风机开启、闭合情况下，分别按新的厂界进行了噪声测量，结果为不论电抗器风机开启、闭合，该 220kV 变电站厂界噪声都超过《工业企业厂界环境噪声排放标准》（GB 12348—2008）中 2/4a（机场路侧）类的排放限值。

所以，在设备采购阶段应根据变电站周围噪声水平、敏感点分布等情况，以及环评报告对主声源设备的噪声控制要求，进行声源设备的选型和差异化招标、采购，确保投运后主声源设备的噪声值满足环评报告要求。通过设备采购阶段对主声源设备的采购合同（技术协议）中噪声值的控制，确保设备投产后厂界噪声达标。

### 二、生活污水处理装置采购中常见问题

生活污水处理装置的技术参数不满足环评和设计的要求，导致处理后水质不满足《污水综合排放标准》（或地方生态环境主管部门的要求）、回用标准

根据《电力环境保护技术监督导则》要求，废水的处理应选用技术先进、可靠且较经济实用的方案，满足《污水综合排放标准》。所以，在工程设计阶段应考虑变电站污水产生量、种类、当地受纳水体等实际情况，结合环评要求和当地排放标准等因素，进行生活污水处理装置的选型、设计，只有容积、停留时间、填料密度、菌种类型、投放量等技术参数满足设计要求才能保证生活污水的达标排放或回用。

## 第四节　设备制造阶段常见问题

### 一、变压器、电抗器等主声源设备制造阶段常见问题

声源设备材质、装配工艺等不符合要求，引起声源设备本体噪声超标

根据《变电站设备验收规范》规定，首先应对变压器、电抗器等主声源设备制造过程中的重要工序进行关键点验证，与噪声指标相关降噪材料、降噪工艺如设备材质、器身装配等按订货合同（技术协议）要求进行关键点见证；其次，现场按一定比例和方法进行抽检，对数据存在疑问或频繁出现问题的设备应结合现场需要进行复检。

### 二、生活污水处理装置制造阶段常见问题

生活污水处理装置制造阶段监督不到位，设备材质、装配等不符

合要求，往往会导致装置投入运行后达不到预期的处理效果存在超标可能

依据《国家电网有限公司环境保护技术监督规定》[国网（基建/2）539—2023]，应监督生活污水处理装置制造资料。查看生活污水处理装置性能是否满足订货合同（技术协议）要求，变电站经处理后的生活污水是否满足排放或回用要求。

## 第五节 设备验收阶段常见问题

### 一、变压器、电抗器等主声源设备验收阶段常见问题

声源设备出厂检测报告中噪声测试值不满足订货合同（技术协议）要求

声源设备噪声若超过环评、设计文件要求，则噪声预测失去意义，极有可能导致变电站厂界噪声超标。因此，设备验收阶段对声源设备出厂检测报告中噪声测试值进行复核非常重要。根据《变电站设备验收规范》要求，设备验收包括出厂验收和现场验收两部分。主声源设备验收阶段监督时，出厂验收主要对设备材料、外观、出厂试验等内容进行验收。检查变压器本体、组附件的外观、工艺等；核查出厂试验记录或报告中声级测定数据。现场验收主要包括货物清点、运输情况检查、包装及外观检查、组部件安装检查、设备交接试验报告、设备安装质量和工艺要求、变压器源强等的检查。确保产品与投标文件或技术协议中厂家、型号、规格一致，产品具备出厂质量证书、合格证、试验报告；进厂验收、检验等记录齐全，以保证变压器、电抗器等主声源设备在出厂、运输、安装等过程中与噪声相关的参数、安装质量与工艺等满足订货合同（技术协议）的要求。

### 二、生活污水处理装置验收阶段常见问题

生活污水处理装置实物与供货合同不一致，备品备件缺失，出厂检测报告缺少装置性能等数据

这将导致后续运行故障时，因缺少备品备件无法及时修复，装置性能出厂时若不合格，则会造成投运后装置不能有效运行，导致水质超标。根据《电力环境保护技术监督导则》（DL/T 1050—2016），对由设备制造商提供的设备，应依据设备出厂标准、技术协议和设计的要求进行监督和出厂验收。故在监督生活污水处理装置验收时，装置中生化池内填料的种类、密度应符合订货合同（技术协议）中的技术参数，以保证活性菌种挂膜正常。出厂时应依据订货合同提供易损件的备品备件，出厂检测报告等，以证明出厂的生活污水处理装置的性能符合订货合同的要求，确保供货单与实物一致。

## 第六节 施工安装阶段常见问题

### 一、施工组织中常见问题

1. 项目施工组织设计中未设置环境保护和水土保持相关内容

根据《国家电网有限公司施工项目部标准化管理手册》附录 B 标准化管理模板，项目管理实施规划附件需设置施工引起的环保问题及保护措施等内容。

2. 需要开展水土保持监测的项目，未及时开展水土保持监测或未按时提交水土保持监测季报等材料

根据《中华人民共和国水土保持法》规定，对可能造成严重水土流失的大中型生产建设项目，生产建设单位应当自行或者委托具备水土保持监测资质的机构，对生产建设活动造成的水土流失进行监测，并将监测情况定期上报当地水行政主管部门。此外，水土保持监测单位要尽早进场，并重点围绕水土流失“过程控制”和“定量分析”开展工作，按规定开展监测，编制水土保持监测实施方案、监测报告、监测总结报告等，为建设单位防治水土流失和水行政主管部门水土保持监管提供依据和支持。

3. 需要开展环境监理或水土保持监理的项目，建设单位未委托有资质（能力）的单位开展监理工作，并编制监理报告

环境监理方面，依据环境保护相关法律法规、项目环境影响评价文件及生态环境行政主管部门批复文件要求，对需要开展环境监理的建设项目，应实行环境保护监督管理和技术咨询服务。项目环境监理过程中，应形成环境监理技术文件和成果资料，主要包含监理通知单、监理联系单、监理巡查记录表等环境监理过程记录资料，以及监理规划、监理实施细则、监理报表、监理总结等报告。

水土保持监理方面，根据《国家电网有限公司电网建设项目水土保持管理办法》[国网（基建/3）643—2023]规定，建设单位（建设管理单位）应委托具有相应能力、熟悉相关业务、工作业绩优良、人员资格或单位资质满足有关规定要求的单位开展电网建设项目水土保持监理。承担水土保持监理的单位应成立专项水土保持监理组织机构，根据国家工程监理和水保监理的有关法规和标准、批复的水土保持方案及工程设计文件、工程施工合同、监理合同等开展监理工作，编制水土保持监理规划及实施细则，对水土保持设施（措施）的落实情况进行监督，对水土保持设施（措施）施工质量、进度和投资进行控制，对水土保持分部工程、单位工程及时开展质量检验评定；发现问题及时向施工单位提出监理意见同时上报建设管理单位；编制监理阶段报告、监理总结报告等成果资料，做好监理记录和档案管理，作为水土保持设施验收的依据。

4. 项目建设过程中发生重大变动或重大变更，实施前未依法履行环保水保手续重新报批工作

项目在建设过程中如发生重大变动，应当在实施前对变动内容进行环境影响评价并重新报批，取得批复后方可实施，否则将承担法律责任。同样的，水土保持方案实施过程中，水土保持措施需要作出重大变更的，应当经原审批机关批准。

## 二、施工废水处理过程中常见问题

### 1. 施工现场混凝土搅拌和灌注桩施工未设置沉淀池

这将会导致产生的废水在施工现场任意流淌，或顺着自然形成的沟渠排放，流入周围的农田及附近的池塘等低洼地带，极易造成环境污染。

依据《安全文明施工标准化管理办法》，混凝土搅拌和灌注桩施工应设置沉淀池，有组织收集泥浆等废水。废水不得直接排入农田、池塘、城市雨污水管网。收集施工区域产生的工程废水，其沉淀后的清水可以重新作为混凝土搅拌用水、抑制扬尘洒水和绿化植物用水。另外，工程废水中若含有施工机械的渗漏油，任意排放会污染土地，导致池塘中的鱼类死亡，造成巨大的损失，极有可能造成社会群体事件发生。

### 2. 施工结束后沉淀池未恢复

若沉淀池未及时恢复，污水中的悬浮物和悬浮污泥长时间持续堆积导致沉淀池中的污泥量增加，高浓度的污泥会增加污泥的处理难度以及处理成本，同时也影响后续污泥的利用。沉淀池对周边的土壤有一定程度的污染，且对原有的植被造成破坏。

## 三、施工扬尘防治过程中常见问题

施工现场混凝土搅拌场为敞开式，未采取隔离和降尘措施。土石方开挖时，未采取覆盖措施或喷水湿式作业

这会导致施工现场尘土飞扬，造成空气污染，并给施工人员和环境造成极大影响。

根据《国家电网公司输变电工程安全文明施工标准化管理办法》，土石方开挖时，应采取覆盖或湿式作业，防止扬尘造成空气污染。对易产生扬尘污染的物料实施遮盖、封闭等措施，减少灰尘对大气的污染。因此，混凝土搅拌场应尽量设为封闭形式，可有效降低扬尘，可集中收集逃逸的粉尘循环利用，还可采取水雾喷洒的方式降尘，加湿后在搅拌场

附近沉降，降低逃逸粉尘的影响。在土石方开挖时，需要在作业面采取覆盖措施或喷水湿式作业，降低扬尘造成空气污染，降低水土流失。土石方的堆放场地，裸露的施工场地和集中堆放的土方应采取苫布、抑尘网等覆盖措施等，避免造成尘土随风飞扬和水土流失等。

## 四、施工噪声常见问题

在城市市区施工中未使用低噪声设备，施工过程中机械声音大，未向地方生态环境主管部门报备即开展夜间施工，产生较大噪声污染

在城市市区施工中应使用低噪声设备，落实施工组织设计中的噪声防治措施，降低噪声污染，确保建筑施工场界环境噪声排放限值昼间不大于 70dB（A），夜间不大于 55dB（A）。

《中华人民共和国环境噪声污染防治法》规定，在城市市区范围内向周围生活环境排放建筑施工噪声的，应当符合国家规定的建筑施工场界环境噪声排放标准。在城市市区范围内，建筑施工过程中使用机械设备，可能产生环境噪声污染的，施工单位必须在工程开工 15 日以前向工程所在地县级以上地方人民政府生态环境主管部门申报该工程的项目名称、施工场所和期限、可能产生的环境噪声值以及所采取的环境噪声污染防治措施的情况。在城市市区噪声敏感建筑物集中区域内，禁止夜间进行产生环境噪声污染的建筑施工作业，但抢修、抢险作业和因生产工艺上要求或者特殊需要必须连续作业的除外。因特殊需要必须连续作业的，必须有县级以上人民政府或者其有关主管部门的证明。尽可能避免夜间施工，根据施工工艺必须夜间施工的，施工单位必须向当地地方生态环境主管部门报备，取得审批手续后方可夜间施工。

## 五、施工废弃物管理常见问题

施工现场土石方裸露堆，砂石、水泥等施工材料直接堆放在地上，施工机械、带有油性的器具直接安装或者存放在地上，施工、生活垃圾任意丢弃，施工完成后施工现场未清理就退场等

根据《安全文明施工标准化管理办法》，在施工过程中，施工机械及带有油性的器具，应做好防渗油措施，防止漏油污染土地。施工

场地和土石方堆放地需要用苫布等材料采取覆盖措施，防止大风扬尘，或被雨水冲走造成水土流失。施工和生活垃圾应分类存放、回收，按照规定定期清运消纳，不得随意乱扔。施工完成后，做到“工完、料尽、场地清”，恢复场地原有的土地功能。

## 六、事故排油系统常见问题

### 1. 事故油池、水封井等未按图施工，事故油池出口弯管未安装，水封井木塞未安装，管道和预埋件未按设计要求进行防腐处理等

根据《国家电网有限公司环境保护技术监督规定》(国网（基建/2）539—2023)，施工安装阶段应检查事故油池、水封井、集油坑、检查井、化粪池、地埋式生活污水处理设施（格栅井、调节水池、生化池、终沉池、回用水池)、雨水井、集水池等环保设施是否按图施工。管道安装特别是事故油池出口弯管和化粪池进出水管安装是否符合设计要求。

《室外排水设计标准》（GB 50014—2021）规定，输送腐蚀性污水的灌渠必须采用耐腐蚀材料，其接口及附属构筑物必须采取相应的防腐蚀措施。

### 2. 事故排油管道材质不符合设计要求，把球墨铸铁管改成UPVC排水管

由于UPVC排水管不耐高温，在主变着火事故排油时，管道将会融化，导致油水外渗污染土壤。

《电力环境保护技术监督导则》（DL/T 1050—2016）规定，对于现场制作的设施，应符合设计和技术协议书的要求，环境保护设施的安装质量应符合相关标准和设计的要求。

### 3. 水封井、事故油池壁面未做抹平处理，砖石裸露、部分管道封堵不严

这将会导致池体和管道中污水外渗，污染土壤和地下水。

《室外排水设计标准》（GB 50014—2021）规定，污水管道和附属构筑物应保证其密实性，防止污水外渗和地下水入渗。

### 4. 事故油池抹面之前未进行充水试验；管道敷设完成后未进行通球试验和水压试验

《建筑给水排水及采暖工程施工质量验收规范》（GB 50242—2002）规定，隐蔽或埋地的排水管道在隐蔽前必须做灌水试验，其灌水高度应不低于底层卫生器具的上边缘或底层地面高度。排水主立管及水平干管管道均应做通球试验，通球球径不小于排水管道管径的2/3，通球率必须达到100％。

《给水排水管道工程施工及验收规范》（GB 50268—2008）规定，压力管道进行水压试验，无压管道进行闭水试验。

【案例4-2】某500kV输变电工程在施工安装阶段检查过程中发现事故油池存在以下问题：事故油池内垃圾未及时清理干净、水封井木塞破损、事故油池爬梯防腐不到位已开始生锈、水封井水位过低等，分别如图4-1～图4-4所示。

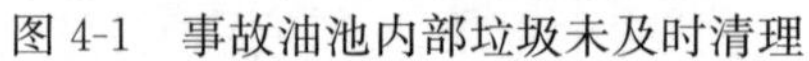

图4-1　事故油池内部垃圾未及时清理

图4-2　水封井木塞破损

针对上述问题，应在施工安装阶段及时清理事故油池内部垃圾，确保事故油池的有效容量；更换水封井三通木塞并确保密封完好；事故油池爬梯需重新做防腐；及时对水封井补水，保证水封井水封灭火功能正常。

图 4-3　事故油池爬梯生锈

图 4-4　水封井水位过低

## 七、生活污水处理系统常见问题

### 1. 生活污水处理装置生化池内填料未安装、未投放活性生物厌氧菌种和菌种生长促进剂

这将会导致装置形同虚设，生活污水无法得到有效处理。

《室外排水设计标准》（GB 50014—2021）规定，生物接触氧化池中的填料可采用全池布置、两侧布置或单侧布置，填料应分层安装。生物接触氧化池应采用对微生物无毒害、易挂膜、质轻、高强度、抗老化、比表面积大和孔隙率高的填料。

《电力环境保护技术监督导则》（DL/T 1050—2016）规定，对于现场制作的设施，应符合设计和技术协议书的要求，环境保护设施的安装质量应符合相关标准和设计的要求。

### 2. 化粪池、调节水池、回用水池等池体抹面之前未进行充水试验；管道敷设完成后未进行通球试验和水压试验

《建筑给水排水及采暖工程施工质量验收规范》（GB 50242—2002）规定，隐蔽或埋地的排水管道在隐蔽前必须做灌水试验，其灌水高度应不低于底层卫生器具的上边缘或底层地面高度。排水主立管及水平干管管道均应做通球试验，通球球径不小于排水管道管径的2/3，通球率必须达到100%。《给水排水管道工程施工及验收规范》

(GB 50268—2008)规定，压力管道进行水压试验，无压管道进行闭水试验。

## 八、水土保持常见问题

### 1. 施工结束后，未及时恢复施工道路等临时用地的原有土地功能。变电站站区、线路塔基区未采用生熟土分离方式开挖

根据《国家电网有限公司环境保护技术监督规定》[国网(基建/2)539—2023]，应监督施工现场是否合理选择牵张场地、施工运输道路及人力运输道路。变电站站区、线路塔基区是否采用生熟土分离方式开挖；是否实施表土剥离与保护；是否做到土石方挖填平衡。取土场、弃渣处置点等是否进行有效防护，并修建截(排)水沟及与自然沟道的消能顺接工程，委托取土或弃土应有相应协议和证明。

### 2. 施工结束后，施工临时占地、塔基永久占地未及时完成植被恢复工作

根据《国家电网有限公司环境保护技术监督规定》[国网(基建/2)539—2023]，应监督施工结束后，牵张场地、临时道路、临时设施占地等临时用地和塔基永久占地是否恢复原有土地功能或者恢复植被。

《国家电网公司输变电工程安全文明施工标准化管理办法》规定，施工现场应尽力保持地表原貌，减少水土流失，避免造成深坑或新的冲沟，防止发生环境影响事件。

【案例 4-3】某 220kV 输变电工程在施工安装阶段监督检查中发现其站外施工场地未及时恢复土地原有功能及复绿，站位塔基未复绿等问题，分别如图 4-5 和图 4-6 所示。

上述问题，在工程结束时，应做到“工完、料尽、场地清”，恢复临时占地土地的原有功能及复绿，永久性塔基区域完工后要及时恢复植被。

图 4-5　施工场地未清理及复绿

图 4-6　站外塔基未及时复绿

## 第七节　设备调试阶段常见问题

1. 生化池内活性菌种未根据实际水质情况进行驯化，投放量不够，系统出力与实际处理量不匹配，无法根据液位正常启停

这些问题都会导致生活污水处理装置无法有效运行，出水水质超标。根据《国家电网有限公司环境保护技术监督规定》[国网（基建/2）539—2023]，设备调试阶段应检查生活污水处理装置调试资料。查阅生活污水处理装置的调试方案、记录、报告等是否满足相关标准要求，调试技术资料是否齐全。检验生活污水和冷却水达标情况。生活污水处理装置性能是否达到设计要求，污水排放是否达到国家、地方排放标准要求。换流站冷却水外排受纳水体时，是否达到国家、地方排放标准要求。

2. 噪声防治设施性能未达到设计要求

这将可能会导致厂界噪声排放超标。根据《国家电网有限公司环境保护技术监督规定》[国网（基建/2）539—2023] 规定，设备调试阶段应检验噪声防治设施性能情况。降噪设施消隔声性能是否达到设计要求，厂界噪声排放是否满足国家、地方排放标准要求。

## 第八节　竣工验收阶段常见问题

### 一、环保水保技术档案常见问题

竣工验收阶段，环境保护和水土保持技术档案未收集完整齐全

这将导致无法进一步开展环境保护和水土保持手续合法性、环境保护和水土保持措施（设施）落实情况等环保监督，资料不齐全也将无法申请验收。

《建设项目竣工环境保护验收技术规范 输变电》（HJ 705—2020）、《国家电网有限公司电网建设项目竣工环境保护验收管理办法》及《国家电网有限公司电网建设项目水土保持设施验收管理办法》中规定，环境保护和水土保持技术档案作为工程项目验收申请材料及验收调查报告编制依据性材料，必须收集完整齐全后方可申请验收。同时，查阅环境保护和水土保持技术档案是竣工验收阶段环保技术监督的重要手段，也是开展现场监督的必备条件。建设管理单位应在竣工验收阶段收集完整环境保护和水土保持技术档案，便于监督人员对工程项目开展环境保护和水土保持监督。

### 二、竣工验收阶段事故排油系统和生活污水处理系统常见问题

管道通球水压试验、池体充水试验等功能试验未做，管道内杂物未清除，壁面抹灰不到位，红砖裸露等

功能试验未做，后续可能因管道通球率不足从而影响排油排污效率，因池体漏油漏污从而引起污水进入土壤，造成土壤污染。管道内有杂物，容易导致管道堵塞，影响排油排污效率。壁面抹灰不到位，易造成污水外渗，污染土壤。

《给水排水管道工程施工及验收规范》（GB 50268—2008）和《建筑给水排水及采暖工程施工质量验收规范》（GB 50242—2002）规定，管道安装完成后应按要求开展功能性试验，且试验合格后方可投入运行；管道安装时，应随时清除管道内杂物。

《电力环境保护技术监督导则》（DL/T 1050—2016）规定，环境保护设施的调试记录和调试报告应符合相关规定。

《室外排水设计标准》（GB 50014—2021）规定，污水管、雨水管和河流污水管的检查井应有标识。

重要的是，竣工验收阶段监督人员仍需对环保设施建设情况进行现场检查，确保环境保护设施建设满足环评批复及设计要求，施工质量满足相关标准规定。一方面，这是由于施工安装阶段开展环境保护技术监督时，环境保护设施通常未建设完成，尤其是管道通球、水压等功能试验往往还未做，无法监督到所有要点。另一方面，变电站环保设施是否按图施工、施工质量好坏将直接影响到变电站正常运行。如带病验收，将埋下环境污染隐患，且环境保护设施多为隐蔽工程，后续难以整改。

### 三、生态环境保护措施和水土保持措施（设施）常见问题

建（构）筑物等拆除后的垃圾未清理，施工临时占地等迹地恢复措施未做，施工结束后施工临时用地未及时进行土地整治，未恢复原土地利用功能。施工临时占地（包括牵张场地、临时道路、临时设施占地）及塔基永久占地的植被未及时恢复

这些问题将会导致周边生态环境破坏，且容易引起水土流失。

《建设项目竣工环境保护验收技术规范 输变电》（HJ 705—2020）规定，生态环境保护措施主要是针对生态敏感目标（水生、陆生）的保护措施，包括植被的保护恢复措施、野生动物保护措施、水环境保护措施、临时占地等迹地恢复措施、自然保护区、风景名胜区、世界文化和自然遗产地、饮用水水源保护区等生态敏感区的保护措施。

《输变电项目水土保持技术规范》（SL 640—2013）、《电力环境保护技术监督导则》（DL/T 1050—2016）及《国家电网有限公司环境保护技术监督规定》［国网（基建/2）539—2023］规定，水土保持措施主要针对检查环境保护、水土保持设施是否按照设计要求建设完成。检查施工过程中造成地表扰动的临时占地，是否已进行土地整

治，恢复植被或复耕，迹地恢复是否落实到位。

## 四、闭环管理常见问题

### 未及时落实整改前期各阶段监督发现的问题，未做到闭环管理

根据《国家电网有限公司环境保护技术监督规定》［国网（基建/2）539—2023］规定，环保技术监督应检查问题闭环管理情况。检查工程各个阶段发现的环境保护、水土保持问题是否整改完成，查阅相关档案记录是否完整齐全。

## 五、环保验收过程中常见问题

通常监督人员在开展竣工验收阶段环保技术监督时，工程项目往往未正式提交验收申请，可能无法完整监督到整个环保验收流程。但电网企业在履行环保验收程序过程中，仍需特别注意以下问题。

### 1. 验收期限

根据《国家电网有限公司电网建设项目竣工环境保护验收管理办法》［国网（基建/3）645—2023］规定，项目竣工后3个月建设单位（建设管理单位）未提交环保验收申请的，环保归口管理部门应督促建设单位（建设管理单位）加快推进环保验收工作；竣工后6个月建设单位（建设管理单位）未提交竣工环保验收申请的，环保归口管理部门应下发环保告（预）警通知书提示合规风险；电网建设项目竣工后，需要对环保验收过程中发现的问题进行整改的，环保验收期限不得超过12个月。

验收期限是指自电网建设项目竣工之日起至向社会公开验收报告之日止的时间。

### 2. 验收调查

根据《建设项目竣工环境保护验收暂行办法》（国环规环评〔2017〕4号）和《国家电网有限公司电网建设项目竣工环境保护验收管理办法》［国网（基建/3）645—2023］规定，建设管理单位应根据电网建设项目建设进度，及时组织环保验收调查单位启动环保验收

调查工作。环保验收调查单位应依照环保法律法规和标准规范开展工作，确保调查内容全面、调查结论合理，并对环保验收调查报告的真实性和准确性负责。对于环保验收调查过程中发现的问题，应及时向建设管理单位反馈并跟踪处理结果。

3. 验收申请条件

根据《国家电网有限公司电网建设项目竣工环境保护验收管理办法》[国网（基建/3）645—2023] 规定，对于验收调查过程中发现的问题，建设管理单位应及时组织整改，基建管理部门负责监督指导，满足下列条件后，方可申请环保验收：①取得环保设施质量验收合格的结论；②涉及重大变动的，已落实变动环评批复文件；③涉及穿（跨）越生态环境和水环境敏感区的，保护措施已落实到位，相关手续完备；④环评报告及其批复文件提出的其他环保措施已落实；⑤变电站（换流站）厂界噪声、外排废水（冷却水）监测达标，变电站（换流站）和线路涉及的电磁和声环境敏感目标监测达标；⑥临时占地等相关迹地恢复已完成。

4. 验收申请材料

根据《国家电网有限公司电网建设项目竣工环境保护验收管理办法》[国网（基建/3）645—2023] 规定，建设管理单位向相应的环保归口管理部门提交环保验收申请，申请材料包括：①环保验收申请表；②工程启动验收报告；③环保验收调查报告；④环评报告及其批复文件；⑤其他需要说明的事项；⑥环保归口管理部门要求提交的其他材料。

5. 验收程序

根据《建设项目竣工环境保护验收暂行办法》（国环规环评〔2017〕4 号）和《国家电网有限公司电网建设项目竣工环境保护验收管理办法》[国网（基建/3）645—2023] 规定，环保归口管理部门收到环保验收申请后，委托开展环保验收调查报告技术审评；技术审评通过后，环保归口管理部门组织现场检查，适时召开环保验收会，形成环保验收意见。其中建设项目环境保护设施存在以下情形之一的，建设单位不得提出验收合格的意见：①涉及重大变动但未落实变动环评批复文件的；②涉及穿（跨）越生态环境和水环境敏感区，保护措施未落实到位，相关手续不完备的；③变电站（换流站）污水处理、废（事故）油收集、噪声控制等环保设施未按环评报告及其批复文件要求建成的；④临时占地等相关迹地恢复工作未按要求完成的；⑤环评报告及其批复文件提出的其他环保措施未落实的；⑥分变电站（换流站）厂界噪声、外排废水（冷却水）监测超标的，变电站（换流站）和线路涉及的电磁和声环境敏感目标监测超标的；⑦环保验收调查报告的基础资料数据明显不实，内容存在重大缺项、遗漏等不符合相关技术规范的；⑧违反环保法律法规受到处罚，被责令改正，尚未改正完成的，或存在其他不符合环保法律法规等情形的。

6. 信息公开

根据《建设项目竣工环境保护验收暂行办法》（国环规环评〔2017〕4号）和《国家电网有限公司电网建设项目竣工环境保护验收管理办法》[国网（基建/3）645—2023] 规定，除按照国家规定需要保密的情形外，建设单位（建设管理单位）应当在环保验收合格后，通过其网站或其他便于公众知晓的方式，依法向社会公开环保验收报告（含验收调查报告、环保验收意见和其他需要说明的事项），公示时间不得少于20个工作日；在公示期满后5个工作日内，应登录全国建设项目竣工环境保护验收信息平台，填报相关信息。

7. 信息填报

根据《建设项目竣工环境保护验收暂行办法》（国环规环评〔2017〕4号）规定，验收报告公示期满后5个工作日内，建设单位应当登录全国建设项目竣工环境保护验收信息平台，填报建设项目基本信息、环境保护设施验收情况等相关信息，环境保护主管部门对上述信息予以公开。

## 六、水保验收过程中常见问题

与环保验收一样，监督人员往往无法完整监督到整个水保验收流程。但电网企业在履行水保验收程序过程中，仍需特别注意以下问题。

1. 验收调查

《国家电网有限公司电网建设项目水土保持管理办法》[国网（基建/3）643—2023]规定，根据电网建设项目建设进度，建设单位（建设管理单位）组织第三方机构编制水土保持设施验收报告。第三方机构是指相对水行政主管部门和建设单位而言，具有独立承担民事责任能力和相应水土保持技术条件，并从事水土保持技术服务的企业法人、事业单位法人或其他组织。其中，承担电网建设项目水土保持方案技术评审、水土保持监测、水土保持监理工作的单位不得作为该项目水土保持设施验收报告编制的第三方机构。

2. 验收申请条件

根据《国家电网有限公司电网建设项目水土保持设施验收管理办法》（国网（基建/3）970—2023）规定，对于验收过程中发现的问题，建设管理单位应及时组织整改，满足下列条件后，方可申请水土保持设施验收：①取得水土保持设施质量验收合格的结论；②水土保持方案（含重大变更）编报、初步设计和施工图设计等手续完备；③水土保持监测资料齐全，成果可靠；④水土保持监理资料齐全，成果可靠；⑤水土保持设施按经批准的水土保持方案（含重大变更）、初步设计和施工图设计建成，符合国家、地方、行业标准、规范、规程的规定；⑥水土流失防治指标达到了水土保持方案批复的要求；⑦不存在水土流失风险隐患；⑧水土保持设施具备正常运行条件，满足交付使用要求，且运行、管理及维护责任得到落实；⑨已依法依规缴纳水土保持补偿费。

3. 验收申请材料

根据《国家电网有限公司电网建设项目水土保持设施验收管理办法》[国网（基建/3）970—2023]规定，建设管理单位向相应的环保归口管理部门提交水土保持设施验收申请，申请材料包括：①水土保持验收申请表；②工程启动验收报告；③水土保持监理总结报告及原始资料；④水土保持监测总结报告及原始资料；⑤水土保持验收报告及其附件；⑥水土保持方案及其批复文件；⑦环保归口管理部门要求提交的其他材料。

4. 验收程序

根据《生产建设项目水土保持设施自主验收监督管理办法》《国家电网有限公司电网建设项目水土保持设施验收管理办法》［国网（基建/3）970—2023］规定，环保归口管理部门收到水土保持验收申请后，委托开展水土保持验收报告、水土保持监测总结报告和水土保持监理总结报告技术审评；技术审评通过后，环保归口管理部门组织现场检查，适时召开水土保持验收会，形成水土保持验收鉴定书。存在下列情形之一的，不得通过水土保持验收：①未依法依规履行水土保持方案及重大变更的编报审批程序或开展水土保持监测、监理的；②弃土弃渣未堆放在经批准的水土保持方案确定的专门存放地的；③水土保持措施体系、等级和标准未按经批准的水土保持方案批复要求落实的；④存在水土流失风险隐患的；⑤水土保持验收材料明显不实，内容存在重大缺项、遗漏的；⑥未依法依规缴纳水土保持补偿费的；⑦存在法律法规和技术标准规定不得通过水土保持验收的其他情形的。对于水土保持验收不合格的项目，建设管理单位应在规定期限内整改完毕，并重新申请水土保持验收。

5. 信息公开

根据《国家电网有限公司电网建设项目水土保持设施验收管理办法》［国网（基建/3）970—2023］规定，建设单位（建设管理单位）应当在水土保持验收合格后，通过其网站或者其他便于公众知晓的方式，依法向社会公开水土保持验收材料（含水土保持验收鉴定书、水土保持验收报告和水土保持监测总结报告），公示时间不得少于20个工作日。

6. 材料报备

根据《国家电网有限公司电网建设项目水土保持设施验收管理办法》［国网（基建/3）970—2023］规定，建设单位（建设管理单位）应在向社会公开水土保持验收材料后、电网建设项目投产使用前，向审批水土保持方案的水行政主管部门或者水土保持方案审批机关的同级水行政主管部门报备水土保持验收材料、取得报备回执。电网建设项目通过水土保持验收到完成水土保持验收材料报备的时间不应超过3个月。

## 第九节　运维检修阶段常见问题

### 一、环保设施运行维护常见问题

#### 生活污水处理装置、水封井、事故油池、雨水泵、防噪降噪等环保设施定期运行后未定期进行检查、维护及轮换工作，未及时更新完善环境保护设施设置相应的管理制度、运行检修规程、设备台账、维护记录

环保设施若运行不正常，一旦发生突发事件，将会对周边环境造成影响。根据《电力环境保护技术监督导则》规定，应确保环保设施与主体设备同时运行，应定期对防噪、降噪设施使用状况进行检查和维护，保证其正常投用。检修时，应检查事故油池的完好情况，确保无渗漏、无溢流。根据《国家电网公司无人值守变电站运维管理规定》，运维人员应根据工作计划要求，定期进行辅助设施维护、试验及轮换工作，发现问题应及时处理。

### 二、运行期环境监测常见问题

#### 1. 未定期开展变电站工频电磁场、噪声及变电站外排废水等环境影响因子的监测

根据《国家电网有限公司环境保护技术监督规定》[国网（基建/2）539—2023]，电网设备运行过程中应监督环保日常监测情况。检查是否定期开展110kV及以上变电站（换流站、开关站、串补站）的噪声、工频电场、工频磁场、合成场强、外排废水等环境影响因子的监测，做好监测记录和报告的存档，建立环境影响因子监测数据库

及环境敏感点数据库。

2. 监测仪器未及时送检，现场监测人员使用不在有效期范围内的监测仪器进行监测，造成监测结果存在较大误差。测试人员现场布点、仪器架设、结果评价等不规范，监测报告未履行三级审核制度，未建立运行中变电站、输电线路电场、磁场、噪声等环境影响因子监测数据库

根据《环境监测质量管理技术导则》规定，为保证运行期环境监测的完整有效性，对监测结果的准确性或有效性有影响的仪器设备，包括辅助测量设备，应有量值溯源计划并定期实施，在有效期内使用。环境监测仪器应按计量要求定期检定（校准）。此外，要做好监测记录和报告的存档，建立运行中变电站、输电线路电场、磁场、噪声等环境影响因子监测数据库。

### 三、检修管理常见问题

电网设备检修过程中，未做好环境保护措施，防止油污抛撒地面，未及时清理事故油池中的废矿物油

这将会导致油污外渗或进入雨水系统。在电网设备检修时，应检查电网设备检修和运行维护过程中是否做好环境保护措施，防止油污抛撒地面污染环境；应定期检查事故排油系统，及时清理事故排油系统中的废矿物油，防止油污渗漏或溢流；应检查检修期间产生的废水、废油是否进行回收处理或循环利用，并做好记录。

## 第十节　退役报废阶段常见问题

### 一、电网危险废物收集、暂存、处置常见问题

1. 废矿物油、废铅蓄电池均属危险废物，未按要求粘贴危险废物标签，收集作业区域，未设置作业界限标识和警示牌

根据《国家电网有限公司电网固体废物环境无害化处置监督管理

办法》[国网（基建/3）968—2023]规定，废矿物油应使用具有防腐功能的容器收集，容器材质和衬里要与废矿物油不相溶、不发生化学反应；不同型号废矿物油应分类收集；盛装废矿物油时，容器预留容积应不少于总容积的5%，密封存放，设置呼吸孔，防止膨胀；其包装物（容器）按规范粘贴危险废物标签。废铅蓄电池拆除前应进行外观检视，破损或漏液的电池应单独收集，收集场地设置隔离带；破损或漏液电池的电解液应从电池中倒出，单独收集管理，收集容器应具有防腐功能，防止对环境造成二次污染；拆除的废铅蓄电池应直立放置，采取措施防止发生爆炸；其包装物（容器）或本体按规范粘贴危险废物标签。危险废物收集作业区域，应设置作业界限标识和警示牌，并保证通风良好。

2. 废矿物油、废铅蓄电池暂存场所不符合要求

废矿物油（退役报废含油设备）暂存场所应相对独立，地面应作防渗处理，采取收集和导流措施防止泄漏。废铅蓄电池和废锂电池禁止露天存放，暂存场所应相对独立，不得直接堆放在地面上，应放在专门的电池架或者与地面有一定距离的具有绝缘功能的承重板上，并保持一定的通风散热间距，地面应作防渗处理，并配有废液收集装置。

3. 危废处置不及时，发生暂存超期现象

废矿物油暂存时间不得超过12个月，废铅蓄电池暂存时间最长不得超过90天，废矿物油、废铅蓄电池处置过程中，应及时做好处置工作，避免暂存超期现象发生。

【案例4-4】某单位废矿物油仓库监督检查中发现其暂存场所未相对独立，地面无防渗措施，废矿物油储存容器上未粘贴危废标签等问题，分别如图4-7和图4-8所示。

上述问题，废矿物油暂存场所应重新选址，相对独立，地面作防渗处理，采取收集和导流措施防止泄漏。废油储罐上应按规范粘贴危险废物标签。

图 4-7　废矿物油暂存场所不合格

图 4-8　废油储罐容器上未粘贴危废标签

## 二、电网一般固体废物常见问题

废绝缘子、废瓷瓶、废电缆盖板、废非金属表箱和废水泥电杆等建筑垃圾未进行分类收集，生活垃圾未分类收集处理，未及时清运

要做好一般固体废物处置工作，生活垃圾应按照规定分类收集、分类运输、分类处理并及时清运。电网废绝缘子、废瓷瓶、废电缆盖板、废非金属表箱和废水泥电杆等建筑垃圾应根据种类、数量、特性等因素进行分类收集。

## 三、退役报废台账管理常见问题

退役固体废物收集、暂存和处置记录台账资料不全，危险废物污染隐患排查和应急处置工作机制不健全

应健全固体废物收集、暂存和处置记录台账，资料归档保留 5 年，并建立危险废物环境污染隐患排查和应急处置工作机制，对危险废物进行风险监测，确保危险废物环境风险源处于可控状态。